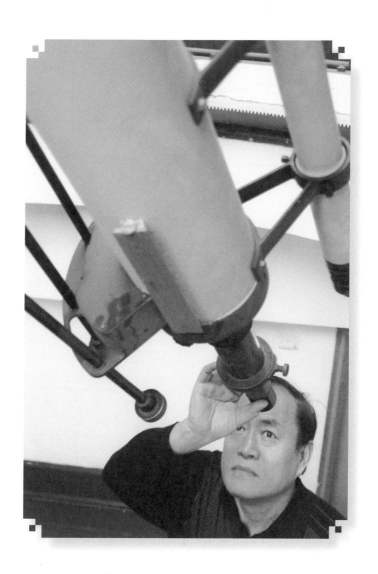

追逐类星体

追逐类星体

何香涛 著

外语教学与研究出版社
北京

图书在版编目 (CIP) 数据

追逐类星体 / 何香涛著. -- 北京：外语教学与研究出版社，2022.7
ISBN 978-7-5213-3668-9

Ⅰ．①追… Ⅱ．①何… Ⅲ．①类星体－青少年读物 Ⅳ．①P158-49

中国版本图书馆 CIP 数据核字 (2022) 第 108712 号

出 版 人　王　芳
项目负责　刘晓楠　顾海成
项目策划　何　铭
责任编辑　何　铭
责任校对　白小羽
封面设计　水长流文化
版式设计　彩奇风
出版发行　外语教学与研究出版社
社　　址　北京市西三环北路 19 号（100089）
网　　址　http://www.fltrp.com
印　　刷　北京华联印刷有限公司
开　　本　710×1000　1/16
印　　张　18
版　　次　2022 年 7 月第 1 版 2022 年 7 月第 1 次印刷
书　　号　ISBN 978-7-5213-3668-9
定　　价　99.00 元

购书咨询：（010）88819926　电子邮箱：club@fltrp.com
外研书店：https://waiyants.tmall.com
凡印刷、装订质量问题，请联系我社印制部
联系电话：（010）61207896　电子邮箱：zhijian@fltrp.com
凡侵权、盗版书籍线索，请联系我社法律事务部
举报电话：（010）88817519　电子邮箱：banquan@fltrp.com
物料号：336680001

记载人类文明
沟通世界文化
www.fltrp.com

目　录

再版序

本书自2015年出版以来，受到了读者的广泛欢迎，2017年入选全国优秀科普作品，这是由中华人民共和国科技部颁发的国家级科普作品奖。

21世纪以来，天文学获得了突飞猛进的发展，在所有的自然学科中展现出了独有的魅力，连续获得诺贝尔奖，其中和本书内容相关的就有两项。2017年发现了引力波，引力波是当年爱因斯坦的预言，第一个确认的引力波源是由两个黑洞碰撞产生的。2020年，黑洞的研究又获奖，获奖者之一是霍金的师兄彭罗斯（R. Penrose），如果霍金健在，他大概会分享殊荣。彭罗斯在黑洞理论方面有着突出的贡献，根据彭罗斯定理，可以让黑洞发电，建造一台黑洞发电机。同时获奖的两位天文学家是根策尔（R. Genzel）和盖兹（A. Ghez），他们发现和确认在我们银河系的中心也存在着一个巨大的黑洞，其质量有400万个太阳质量。这一发现，也是对黑洞天文学的巨大挑战，一般认为，星系级的黑洞只存在于活动星系，也就是类星体一类的星系中，这类星系称为活动星系核，而我们的银河系只是一个普通的旋涡星系。

从观测角度，史无前例的成就是拍出了黑洞的照片。2018年，动用了全世界8台毫米波射电望远镜，布置在整个地球上，各自对同一目标进行观测，又用了两年时间，将图像叠加在一起处理，拍出了巨椭圆星

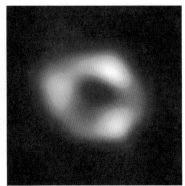

M87中心的黑洞   银河系中心的黑洞

系M87中心的黑洞，其质量为65亿个太阳质量，距离我们5500万光年。2022年，用同样的技术拍出了银河系中心的黑洞，其难度更大，因为在银河系中心和地球之间有大量的星际物质遮挡。

这次再版，出版社的编辑们尽了很大努力，对书中的疏漏一一检出，专业熟练、认真负责。现在虽然疫情在流行，但青少年们对科学的追求热情没有减弱，科学知识会给人类战胜各种困难提供勇气和力量。

何香涛

2022年5月于北京师范大学

前　言

我写过不少天文科普文章，其中最注入心血的，莫过于《追逐类星体》。这是一组系列文章，连载于《天文爱好者》杂志，历时两年多。文章颇受欢迎，上至一些专家和研究生，下至一般的大学生和天文爱好者，都认为其内容新颖、有创意，没有"天下文章一大抄"的弊俗。

现代天文学起始于20世纪60年代。第二次世界大战促进了射电天文学的发展。科学家们利用射电技术，突破性地实现了天体物理学的四大发现——类星体、脉冲星、宇宙背景辐射和星际分子。到目前为止，四大发现已获得五项诺贝尔奖，脉冲星两项，宇宙背景辐射两项，星际分子一项，唯独类星体榜上无名。迟迟得不到诺贝尔奖，最着急的当属类星体的第一发现人、美籍荷兰天文学家马尔滕·施密特。施密特在美国加州理工学院任教，已经80多岁。我在那里访问时，曾当面与他交谈，并请他为我签名留念。近年来，天文学的新发现越来越多，类星体的发现不会被永远尘封吧。

中国人听到类星体的名字已经是"文化大革命"开始时了。我本人知道有类星体还是道听途说来的。大概是"文革"初期，在南京开过一次天文界的"革命大批判"会。在这次会上，有人介绍了国外发现的一种新天体——类星体。

打倒"四人帮"之后，国内开始有了与国际间的学术交流。1978

年，美国派了一个阵容庞大的天文代表团来华，有许多大名鼎鼎的天文学家。其中有马丁·史瓦西，其父就是第一位解出爱因斯坦相对论方程的卡尔·史瓦西。还有一位女天文学家，叫玛格丽特·伯比奇。她曾做过英国格林尼治皇家天文台的台长，在类星体的观测上取得了许多成就。在她做完报告之后，我最想问的一个问题是：类星体是怎样发现的？但是想来想去，觉得这个问题太简单了些，于是没有开口。这次报告会是在北京饭店召开的，规格很高，在京的国内知名天文工作者悉数到会，给我留下的印象实在是太深刻了。我想，什么时候我们能赶上人家，也能观测到类星体，哪怕看看类星体是什么样子，我也就知足了。

中国人的头脑一向不笨，只要把国门打开，让国人走出去，前进的步伐便不可阻挡。就在美国天文代表团访华之后不到两年，1980年，作为改革开放后的第一批访问学者，我登上了前往英国的飞机。

首次踏入异国他乡，一切的一切都十分异样。我来到了英国爱丁堡皇家天文台。在英国，只有格林尼治和爱丁堡两家天文台冠以"皇家"的称号。爱丁堡皇家天文台是英国最古老的天文台之一，建立于1822年。等我到来时，天文台早已非常现代化，云集了一批英国乃至世界著名的天文学家。就是在这里，我开始了对类星体的追逐。

《追逐类星体》集结了我对类星体的研究，但本书的内容不局限于类星体，它涵盖了许多现代天文学的知识，包括宇宙学、射电天文学、红外天文学、X射线天文学、黑洞物理学等方面的内容。在讲述有关的科学知识时，还渗入了我对人生和哲学的感悟，以及我个人的经历。文章好坏不论，但保证是百分之百的原创。

知识是浩瀚的海洋，无边无际，永无止境。读者，尤其是青少年读者，如果能通过阅读本书获得一些科学知识，增加对天文学的兴趣，笔者将不胜欣慰。

寻找远方的神奇

什么是类星体？

它是怎样被发现的？

类星体的发现和二战时德军轰炸伦敦又有什么关系？

它有着怎样的特点？

类星体为什么又远又亮？

......

类星体的发现

战争驱动力

人类憎恨战争，因为战争使生灵涂炭，但战争在某种意义上也促进了生产力的发展，尤其是某些科学的发展。第二次世界大战期间，德国人疯狂至极，征服了几乎整个欧洲，唯一没有臣服的大国是英国。阿道夫·希特勒忙于和苏联苦战的时候，无时无刻不想除掉这个心腹之患。鉴于一时无法用陆军征服，只能不停地进行空袭。但不久希特勒便发现，每次空袭对方居然都事先有了防范。纳粹二号人物赫尔曼·戈林大为恼火，认为一定是内部出了叛徒。这件事一直到二战结束，仍然是个谜。美国著名战地记者威廉·夏伊勒曾目睹希特勒的上台、二战经过和纽伦堡对纳粹战犯的审判，在其名著《第三帝国的兴亡》一书中记述了这件事。事实上，侦破纳粹每次空袭的不是间谍，而是英国的雷达技术。当时，英国的雷达技术已经相当先进，海岸预警雷达能够随时监视敌机的到来。突然有一次，英国的预警雷达出现故障。英国军方十分紧张，以为德国造出了破坏雷达的新式武器。后来证实，破坏雷达的"敌人"是来自太阳的射电爆发。这一秘密直到战后才公布。为此，有人建议将这一事件发生的时间——1942年，定为太阳射电天文学的诞生年。

二战时期使用过的雷达

战后，一批为军事服务的科学家转搞射电天文，使英国的射电天文学在相当长的一段时间内一直处于世界领先地位。其中最著名的是马丁·赖尔。他将单个的望远镜串联起来观测天体，使其能力成倍地增加，称为"综合孔径技术"。赖尔因此获得1974年的诺贝尔奖，是天文界最早的诺贝尔奖得主之一。

英国剑桥大学开始利用射电望远镜进行巡天观测。所谓巡天观测，即寻找天空中发射射电波的天体。由于不知道这些天体是什么，所以把它们统称为"射电源"。第一个被发现的射电源是天鹅座A，它几乎是天空中最强的射电源，后来证实它是一个射电星系。1950年，剑桥大学发表了它的第一个射电源表，称为1C。1C中共包含50个射电源。1955年发表了2C射电源表，共包含1936个射电源。由于技术上的原因，这些源大部分是伪源。1959年，经过重新鉴定，发表了3C射电源表。3C共

开创射电巡天观测的剑桥大学射电天文望远镜

位于澳大利亚帕克斯的64米射电望远镜

包含471个源，这些源中实际上已经包含了类星体。当天文学家试图用光学望远镜去辨认这些射电源对应的天体究竟是什么时，类星体的发现已经成了必然。

1960年，美国帕洛马山天文台的艾伦·桑德奇首先在三角座找到了3C 48（3C表中的第48号源）的光学对应体。它看上去就像一颗普通的恒星，但它的光谱线很不正常，具有宽的发射线，而一般的恒星都是吸收线。另外，它的紫外波段的辐射也比普通恒星强很多，而且具有光变。

另一个与发现类星体擦肩而过的是西里尔·哈泽德，他用设在澳大利亚帕克斯的口径为64米的射电望远镜准确地测量了3C 273的位置。他用的方法非常巧妙，选择3C 273经过月球的机会，利用月球掩食*逐点对3C 273进行观测。结果发现，3C 273是一个射电双源，中间夹着一颗恒星，恒星的星等**为13等。进一步观测发现它和3C 48一样，也具有宽的发射线，这些发射线也无法证认。哈泽德的工作是1963年宣布的。

幸运女神最终落到了马尔滕·施密特头上。施密特是哈泽德的同事，也在帕洛马山天文台工作。他用该天文台的5米光学望远镜进一步观测3C 273，准确地测量了每一条发射线的位置。他在一次谈话中告诉作者，他用了六周的时间去思索这些发射线究竟是什么。最终，他

---

* 将形成日食的原理用在别的天体上，称为掩食方法。被观测天体逐渐被另一个天体遮挡，在此过程中可以分辨被观测天体的局部细节。
** 此处指视星等。视星等用来表示恒星的视亮度，即看上去的亮度。视星等数值越大，表示恒星越暗。人类肉眼只能看到1～6等的星。

恍然大悟——原来这些线就是一些最普通的氢的巴耳末线和电离氧的谱线，只不过向红端方向位移了很多。

3C 273的光学照片

右上是3C 273的光学像，下方是它的光谱。天体的光谱线向红端方向位移，叫作红移。红移值Z定义为观测到的波长λ相对于地球上实验室波长λ_0的位移比

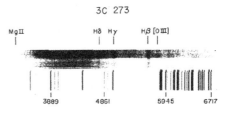

3C 273的光谱（上面是它本身的光谱，下面是用作波长定标的标准光谱）

$$Z = \frac{\lambda - \lambda_0}{\lambda_0}$$

由于λ总是大于λ_0，所以红移值Z始终大于0。

3C 273的典型发射线及其红移值

观测波长λ	证认和波长λ_0	红移值Z
5030 Å	H_γ 4340 Å	0.159
5630 Å	H_β 4861 Å	0.158
5743 Å	[O III] 4959 Å	0.158
5798 Å	[O IV] 5007 Å	0.158

根据施密特的证认，得出3C 273的红移值Z = 0.158。如此大的红移值，说明它肯定是处在银河系之外的一种新的天体。1963年，施密特将他的工作发表在英国《自然》杂志上。至此，类星体正式被发现。

3C 273: A STAR-LIKE OBJECT WITH LARGE RED-SHIFT

By Dr. M. SCHMIDT

Mount Wilson and Palomar Observatories, Carnegie Institution of Washington, California Institute of Technology, Pasadena

THE only objects seen on a 200-in. plate near the positions of the components of the radio source 3C 273 reported by Hazard, Mackey and Shimmins in the preceding article are a star of about thirteenth magnitude and a faint wisp or jet. The jet has a width of 1″–2″ and extends away from the star in position angle 43°. It is not visible within 11″ from the star and ends abruptly at 20″ from the star. The position of the star, kindly furnished by Dr. T. A. Matthews, is R.A. 12h 26m 33·35s ± 0·04s, Decl. +2° 19′ 42·0″ ± 0·5″ (1950), or 1″ east of component B of the radio source. The end of the jet is 1″ east of component A. The close correlation between the radio structure and the star with the jet is suggestive and intriguing.

Spectra of the star were taken with the prime-focus spectrograph at the 200-in. telescope with dispersions of 400 and 190 Å per mm. They show a number of broad emission features on a rather blue continuum. The most prominent features, which have widths around 50 Å, are, in order of strength, at 5632, 3239, 5792, 5032 Å. These and other weaker emission bands are listed in the first column of Table 1. For three faint bands with widths of 100–200 Å the total range of wave-length is indicated.

The only explanation found for the spectrum involves a considerable red-shift. A red-shift $\Delta\lambda/\lambda_0$ of 0·158 allows identification of four emission bands as Balmer lines, as indicated in Table 1. Their relative strengths are in agreement with this explanation. Other identifications based on the above red-shift involve the Mg II lines around 2798 Å, thus far only found in emission in the solar chromosphere, and a forbidden line of [O III] at 5007 Å. On this basis another [O III] line is expected at 4959 Å with a strength one-third of that of the line at 5007 Å. Its detectability in the spectrum would be marginal. A weak emission band suspected at 5705 Å, or 4927 Å reduced for red-shift, does not fit the wave-length. No explanation is offered for the three very wide emission bands.

It thus appears that six emission bands with widths around 50 Å can be explained with a red-shift of 0·158. The differences between the observed and the expected wave-lengths amount to 6 Å at the most and can be entirely understood in terms of the uncertainty of the measured wave-lengths. The present explanation is supported by observations of the infra-red spectrum communicated by

Table 1. WAVE-LENGTHS AND IDENTIFICATIONS

λ	$\lambda/1\cdot158$	λ_0	
3239	2797	2798	Mg II
4595	3968	3970	Hε
4753	4104	4102	Hδ
5032	4345	4340	Hγ
5200–5415	4490–4675		
5632	4864	4861	Hβ
5792	5002	5007	[O III]
6005–6190	5186–5345		
6400–6510	5527–5622		

Oke in a following article, and by the spectrum of another star-like object associated with the radio source 3C 48 discussed by Greenstein and Matthews in another communication.

The unprecedented identification of the spectrum of an apparently stellar object in terms of a large red-shift suggests either of the two following explanations.

(1) The stellar object is a star with a large gravitational red-shift. Its radius would then be of the order of 10 km. Preliminary considerations show that it would be extremely difficult, if not impossible, to account for the occurrence of permitted lines and a forbidden line with the same red-shift, and with widths of only 1 or 2 per cent of the wave-length.

(2) The stellar object is the nuclear region of a galaxy with a cosmological red-shift of 0·158, corresponding to an apparent velocity of 47,400 km/sec. The distance would be around 500 megaparsecs, and the diameter of the nuclear region would have to be less than 1 kiloparsec. This nuclear region would be about 100 times brighter optically than the luminous galaxies which have been identified with radio sources thus far. If the optical jet and component A of the radio source are associated with the galaxy, they would be at a distance of 50 kiloparsecs, implying a time-scale in excess of 10^5 years. The total energy radiated in the optical range at constant luminosity would be of the order of 10^{59} ergs.

Only the detection of an irrefutable proper motion or parallax would definitively establish 3C 273 as an object within our Galaxy. At the present time, however, the explanation in terms of an extragalactic origin seems most direct and least objectionable.

I thank Dr. T. A. Matthews, who directed my attention to the radio source, and Drs. Greenstein and Oke for valuable discussions.

ABSOLUTE ENERGY DISTRIBUTION IN THE OPTICAL SPECTRUM OF 3C 273

By Dr. J. B. OKE

Mount Wilson and Palomar Observatories, Carnegie Institution of Washington, California Institute of Technology, Pasadena

THE radio source 3C 273 has recently been identified with a thirteenth magnitude star-like object. The details are given by M. Schmidt in the preceding communication. Since 3C 273 is relatively bright, photo-electric spectrophotometric observations were made with the 100-in. telescope at Mount Wilson to determine the absolute distribution of energy in the optical region of the spectrum; such observations are useful for determining if synchrotron radiation is present. In the wave-length region between 3300 Å and 6000 Å measurements were made in 16 selected 50-Å bands. Continuous spectral scans with a resolution of 50 Å were also made. The measurements were placed on an absolute-energy system by also observing standard stars whose absolute energy distributions were known[1]. The accuracy of the 16

selected points is approximately 2 per cent. The strong emission features found by Schmidt were readily detected; other very faint features not apparent on Schmidt's spectra may be present.

The source 3C 273 is considerably bluer than the other known star-like objects 3C 48, 3C 196, and 3C 286 which have been studied in detail[2]. The absolute energy distribution of the apparent continuum can be accurately represented by the equation:

$$F_\nu \propto \nu^{+0.28}$$

where F_ν is the flux per unit frequency interval and ν is the frequency. The apparent visual magnitude of 3C 273 is +12·6, which corresponds to an absolute flux at the Earth of $3·5 \times 10^{-26}$ W m^{-2} (c/s)$^{-1}$ at 5600 Å. At

幸运之神

当人们谈及类星体的发现者时，总忘记不了上面提到的桑德奇和哈泽德。但是，正式的发现者只能是施密特。据说，桑德奇对此感到郁闷，他本人后来不再搞类星体，并且离开了帕洛马山天文台的主管单位——加州理工学院天文系。他甚至公开宣布，拒绝再使用5米望远镜。为什么有着丰富观测经验的桑德奇和哈泽德，未能进一步追问他们发现的新天体究竟是什么呢？原因是旧有的概念束缚了他们的思想。在当时，科学家已经发现了天空中有一些强射电源，如天鹅座A和仙后座A。所有这些强射电源在天空中都有一定的大小，而且是处在银河系之内，因此把它们都称为"源"而不是"星"。另一个原因是红移大小的禁锢。3C 48和3C 273的光谱线都很简单，只是谱线的位置发生了红移。红移的概念在当时早已清清楚楚。但是，所有测出的河外星系的红移值都远小于0.1。人们想不到，还有红移大于0.1的河外天体。施密特的功劳恰恰是捅破了这层窗户纸。

幸运之神有时也会开一个玩笑。20世纪80年代初作者访问加州理工学院天文系时，曾遇到天文学家杰西·格林斯坦，他是研究恒星大气的权威之一。一次，他问我："你知道类星体是谁最早发现的吗？"听他话里有话，我只好含糊其词地说："不是施密特吗？"他很爽快地说："不，是我。我在研究白矮星时就发现了这种天体，认为是特殊的白矮星，等人家公布了才知道原来是类星体。"在类星体正式被发现的三年前，1960年，格林斯坦和加州理工学院的另一位著名实测天体物理学家约翰·欧克教授就发现了QSO Ton 202。他们手头的观测资料太多了，根本没有把这颗星当回事，更没有发表。直到1970年，他们才将自己的"过期发现"发表在《太平洋天文学会会刊》上。

类星体的命名还有一段有趣的过程。类星体被发现之后，人们都从射电源上去寻找此类天体。这些射电源的对应体看上去和普通的恒星一样，所以被命名为类星射电源。类星射电源有一个共同的特点，它们紫外辐射很强，颜色看上去很蓝。根据这一特点，天文学家开始用光学方法去寻找这类天体。不久发现，用光学方法找到的这类特殊天体，很大一部分没有射电辐射，或者射电辐射强度很弱。于是，人们把这类天体称作蓝星体。事实上，很多恒星的颜色也很蓝，例如白矮星，它们的光谱能量分布和类星体很相似。这就是为什么格林斯坦在寻找白矮星时找到了类星体。

很快，天文学家们就意识到，类星射电源和蓝星体应该属于一类天体，尽管它们的物理本质当时尚不清楚。于是，为它们共同起了一个概念不明确的名称——类似恒星的天体，英文是"quasi-stellar object"。在一次得克萨斯州举办的相对论天体物理学讨论会上，记者要报道这一新的发现，但认为新天体的名称太拗口了。一位华裔美国天文学家立即给这种天体起了一个响亮的英文名字"quasar"，这个人便是丘宏义。丘宏义是留美学者中的一位佼佼者，他在中微子天体物理学方面建树颇多，称得上是开拓者之一。后来，他主编了一本关于恒星演化的文集，被人批评为错误百出。丘宏义咽不下这口气，开始打起了洋官司。从此，他忙碌于官场，不再写天文文章。但丘先生多才多艺，而且还做得一手好菜，不写天文文章可以写菜谱。我的一位合作者、托洛洛山美洲天文台台长马尔科姆·史密斯告诉我，他当年的婚礼宴会就是由丘先生主厨的。

美国的《天体物理学报》是世界上最权威的天文学杂志之一。它当年的主编是苏布拉马尼扬·钱德拉塞卡。这位美籍印度天文学家是1983年诺贝尔奖的获得者，但思想却比较保守。在他任主编期间，一直不允许"quasar"一词出现在《天体物理学报》上。不过，这个新词越来越流行，终于被国际上正式采用了。

"quasar"一词在日本被翻译为"準星"，在中国台湾被翻译为"魁煞星"。"魁煞星"是由台湾著名学者、原台湾清华大学校长、号称"台湾四大公子"之一的沈君山先生定名的。我认为这个音译名颇为精彩，全世界的天文学家们努力了将近半个世纪，至今仍然降服不了这个"魁煞恶神"。

迟迟不给的诺贝尔奖

20世纪60年代，现代天文学开始起航，航队的旗舰便是类星体。

这个时期的天文学成就以四大发现为标志，即类星体、脉冲星、星际分子和宇宙背景辐射。四大发现彻底改变了天文学在自然科学中的地位。传统的自然科学，号称六大学科——数、理、化、天、地、生。天文学在六大学科中，自称是最古老的学科，因为人类的农耕要求知道节气。这就需要研究日地的运动规律。但是，天文学毕竟实用价值有限，在自然学科中不会太受重视。大家知道，天文学没有独立的诺贝尔奖，是和物理学一起参评。四大发现，居然得了五项诺贝尔物理学奖。其中，脉冲星两项，宇宙背景辐射两项，星际分子一项。奇怪的是，四大发现之首的类星体，却一直被搁置在那里。

为什么迟迟不给类星体的发现颁发诺贝尔奖，说法不一。一种说法是，类星体本身是一种天体，物理味道不浓。但这说不过去，脉冲星不也是一种天体吗？另一种说法是，类星体的发现者不是唯一的。通常认为发现者是施密特，其实桑德奇和哈泽德的功劳也很大。尤其是桑德奇，他是第一位在美国的5米望远镜上证认3C射电源表的天文学家，发

施密特夫妇一起坐在大象上逛野生动物园，背坐者是作者

现了3C 48的光学对应体。他在文章中写道，"它（3C 48）与我们那时候看到的任何天体都不一样，我至少拍摄了五六次光谱，测量了谱线的位置，发现毫无头绪""它的光谱有很强的紫外辐射，还有几条又强又宽的奇异发射线，却找不到其对应的元素"。桑德奇的这些言论虽然令人遗憾，但的确证明他是第一位找到类星体的人。将来颁发诺贝尔奖时，是给施密特一个人，还是加上桑德奇，给两个人？或者再加上哈泽德，给三个人？

1985年，第十九届国际天文学联合会大会在印度召开，首届类星体专题讨论会同时举行。讨论会举办地设在印度南部的电影城班加罗尔。班加罗尔周围的环境优美，尤其是规模宏大的野生动物园。人骑在大象上在动物园里漫步，欣赏老虎、狮子等各种动物自由奔跑。施密特夫妇也参加了这次会议。因为早就和他们比较熟悉，我和施密特的夫人谈起了诺贝尔奖的事，这自然引起了夫人的极大兴趣。她十分感慨地说："马尔滕（施密特的名字）一直在努力地工作，多次应邀在各种大型会议上做报告。这么重要的发现（未能获奖），也不知是什么原因。"我告诉她不用着急，天文界的学者都认为很快就会有好消息了。不想，30年都要过去了，类星体依然还是原来的类星体。

寻找类星体

发现类星体靠射电，寻找类星体靠光学

邓小平有一句名言，"科学技术是第一生产力"。这句话被我们奉为金科玉律。科学推动了生产力，生产力的发展反过来又促进了科学的进步。因此，把邓小平的话修改为"科学技术是第一生产力，生产力是科学技术的第一源泉"，也许更加全面。

美国有一个著名的从事电话和通信行业的公司，叫作贝尔实验室。贝尔实验室为了提高自己的技术水平，雇用了很多高科技人才，进行了大量的探索性试验。这些研究不仅促进了生产力的发展，产生了巨大的商业利益，更创造出许多顶尖的自然科学成果。其中，射电天文学*尤其突出。

1931年，在贝尔实验室工作的无线电工程师卡尔·央斯基，用可移动天线寻找越洋电话的干扰源。他刚开辟了跨大西洋的长途电话业务，想搜寻有哪些外界干扰因素影响通信。他惊奇地发现，除

---

* 射电天文学英文名称为 Radio Astronomy，原本可以译为"无线电天文学"，由于是天体辐射来的电波，因而译为"射电天文学"。在中国台湾，它被译为"电波天文学"，显然是受日文的影响，日本将 Radio 译为"电波"。

015

央斯基和他的
无线电望远镜

了雷电干扰之外，还有一个固定的噪音源，这个干扰讯号"每天"出现一次。这个"每天"不是24小时，而是23小时56分04秒，比正常的一天短了4分钟。说明这个干扰源不是来自太阳系，而是来自银河系。原因是，地球的自转周期相对于太阳是24小时，相对于银河系正好是23小时56分04秒。反复测量证实，这个干扰讯号正是来自银河系，而且是来自银河系的中心方向。1932年，央斯基发表文章，断言这是来自银河系中心的宇宙射电辐射。从此，射电天文学宣告诞生。

央斯基的发现在当时并没有引起人们的关注。1937年，同样是一位无线电工程师的格罗特·雷伯制造出了一架抛物面天线，并用将近十年的时间对天空中的无线电辐射进行巡天式的观测，绘出全天射电源的等强度线，射电天文学才真正发展起来。

射电天文学的兴起，使天体物理学产生了革命性的变化。不是量变，而是质变。在此之前，天文学家在那里辛辛苦苦地制造大型的光学望远镜。早期的光学望远镜以折射型的为主，后来改进为以反射型为主。第二次世界大战之前，美国就致力于制造口径为200英寸*的大型望远镜，直到1948年，望远镜才全部完成，历时15年之久。这便是著名的位于帕洛马山天文台的5米望远镜。该望远镜称霸世界达20多年，直到1976年，苏联在北高加索特殊天体物理台建成6米的光学望远镜。6米望远镜在当时已经制造得非常先进，但令人遗憾的是，它并没有惊天动地的发现。天文学家们的注意力只拘泥于天体发来的星光了。

射电望远镜的问世立刻打开了人们的思路，造就了20世纪60年代天体物理学的四大发现——星际分子、类星体、宇宙背景辐射和脉冲星。没有射电天文学指路，科学家即使已经看到了类星体，也不敢去承认。然而，当类星体发现之后，天文学家们却又惊奇地发现，射电辐射并不是类星体专有的物理特性。事实上，大部分的类星体在射电波段的辐射都很弱。当我们把类星体分为射电噪和射电宁静两类时，属于射电噪的类星体只占类星体总数的百分之十左右。这样一来，要想发现更多的类星体，仅通过射电方法证认射电源显然是不够了，还必须回过头来使用传统的光学方法。因此，发现类星体靠的是射电技术，寻找类星体还必须依靠光学，从颜色差异上入手。

类星体，顾名思义，是一种类似恒星的天体。它在照片上的样子和一般的星星没有区别，也是一个一个的小点源。下页图是作者在室女座天区发现的一批类星体。显然，人类无法用肉眼将类星体与周围的

---

* 1英寸 ≈ 0.0254米

恒星区分开。

事实上，类星体发现之初，天文学家就注意到了这一问题。那么，天文学家们是如何从茫茫的星海中寻找类星体的呢？原来，类星体的最大特征表现在它的光谱上。一颗恒星的光谱主要由两部分组成：连续谱和线光谱。连续谱是指光谱强度按波长的分布；线光谱则是分布在连续谱上的一些孤立的谱线，可以是发射型的谱线，也可以是吸收型的谱线。下页上方是一个典型的类星体光谱，它是由14颗类星体的连续光谱取平均得到的类星体标准谱。连续谱上标出的是一条一条的类星体的发射线。类星体连续谱有一个显著的特征，就是随波长变化非常平滑。在短波一端，辐射强度F_λ仍然很强，换句话说，在蓝端的辐射很强。我们把这种类型的天体叫作蓝星体，或者叫作紫外超天体。用光学方法寻找类星体，首先就是利用了它的连续谱的这一特性，也就是它和普通恒星在颜色上的差别。

天文上，连续光谱的强度分布特征常用颜色来表示。最常用的是三种颜色——U、B和V。对应的中心波长分别为

$$U = 3650 \ \text{Å}$$

$$B = 4400 \ \text{Å}$$

$$V = 5500 \ \text{Å}$$

室女座天区的一批类星体，用数字标注。这是作者刚开始寻找工作时的成果

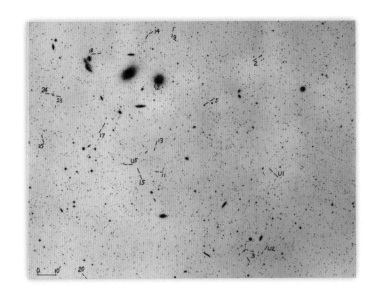

由14颗类星体的连续光谱取平均得到的类星体标准光谱，红移值从$Z = 0.26$到$Z = 2.86$。横坐标是波长λ，纵坐标是辐射强度F_λ

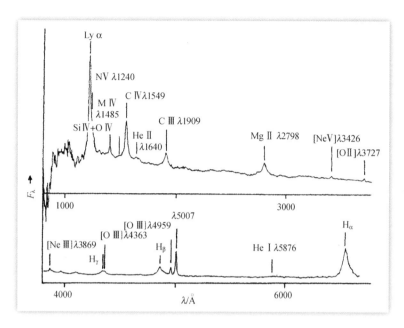

它们分别对应于三种颜色：紫（U）、蓝（B）和可见光（V）。每一种颜色都可以用星等来表示，即U星等、B星等和V星等。两种颜色的星等差，叫作色指数。有了这些基本概念之后，我们就可以用色指数来寻找类星体。经过不断探测，天文学家发现，只要搜寻的天体满足

$$U星等 - B星等 < 0.4$$

就可以把大部分类星体包括进来。我们把这种筛选类星体的方法叫作多色方法或色指数方法。

用多色方法寻找类星体的典型例子就是类星体的发现者马尔滕·施密特和他的学生理查德·格林的工作。他们对北天区全部进行了巡天观测，覆盖了10 714平方度的天区，历时近十年。共发现了92颗类星体，平均每年发现的类星体不到十颗。不过，他们发现的全部是亮的类星体，B星等小于16.16等，被视为亮类星体的最完备样品之一。

无缝光谱方法

在类星体的标准光谱上有很多的发射线，这些发射线也是用来发现类星体的一个重要手段，我们把这种方法叫作无缝光谱方法。

使用物端棱镜或物端光栅得到天体的无缝光谱的方法，已有很长的历史，但直到20世纪70年代才被用于发现类星体。最初的工作是由位于智利的托洛洛山美洲天文台开创的，主要由马尔科姆·史密斯和帕特里克·奥斯默两位天文学家进行。他们用一架60厘米的施密特望远镜*加上物端棱镜去寻找类星体和发射线星系。后来，史密斯从那里回到英国爱丁堡皇家天文台工作。他刚到没多久，我也来到了这里，从此就开始了与他的合作研究。

我们用的物端棱镜底片来自澳大利亚的英澳天文台**。用物端棱镜光谱（也就是无缝光谱）怎样寻找类星体呢？我们再看一下前页的标准光谱。类星体的光谱中有许多非常强的发射线。其中，最强的氢莱曼 α 线（Lyα）、电离碳的两条线（C III***，C IV）和电离镁（Mg II）的一条线，波长分别为：

$$Ly\,\alpha \quad \lambda = 1216\ Å$$
$$C\ III \quad \lambda = 1909\ Å$$
$$C\ IV \quad \lambda = 1549\ Å$$
$$Mg\ II \quad \lambda = 2798\ Å$$

在一般的恒星光谱中，这些线处于紫外波段。对于类星体，由于红移，观测到的波长需乘以红移因子，即

$$\lambda = \lambda_0 \cdot (1+Z)$$

---

* 施密特望远镜是由德国光学家伯恩哈德·施密特于1930年发明的一种望远镜。它的视场很大，主要用于巡天观测。

** 2009年，英国取消了对英澳天文台的资助，天文台改名为"澳大利亚天文台"，英文名称为 Australian Astronomical Observatory，简称依然为 AAO。

*** 元素符号后面加罗马数字，表示该元素被电离，电离度是罗马数字减1。例如，C III 表示碳的二次电离。

这样，这些谱线会出现在可见光区，刚好被观测到。在无缝光谱底片上，搜寻那些有发射线特征光谱的天体，作为类星体的候选体。将候选体找出来之后，还必须再用大望远镜仔细观测它的光谱，测出其红移值，一颗类星体便宣告诞生了。

熟能生巧，我在寻找类星体的过程中，对无缝光谱方法做了较深入的探讨。类星体的强发射线都集中在短波段，例如莱曼 α 线的波长只有1216 Å，要想出现在3400 Å以远的可见光区，其红移值至少要 $Z > 1.80$。这便是无缝光谱方法的选择效应，它只对高红移的类星体敏感。我发现，除了利用发射线去辨认类星体之外，类星体的连续谱也可以用来与恒星区分。这样找出的类星体就不再受发射线的限制，低红移的类星体也可以被发现，因而减少了无缝光谱的选择效应。此外，为了更精确地筛选出所有的类星体，还必须和各种光谱型的恒星进行比对。

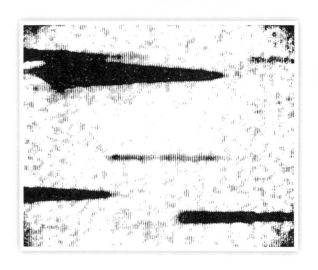

用英国施密特望远镜拍摄的物端棱镜光谱，中间一颗便是类星体的候选体。光谱中的黑点是发射线。周围的粗黑光谱来自恒星

实际观测表明，使用改进后的无缝光谱方法寻找类星体，成功率非常高。我曾与美国著名天文学家霍尔顿·阿尔普教授合作。他是当代类星体研究的权威之一。他在其专著《类星体、红移及其争论》一书中写道："中国天文学家何香涛仔细地寻找了 NGC 1097 周

围8.1平方度天区内的类星体，共得到43颗候选体。我观测了其中的33颗，结果有94%是真的类星体。这是我见过的寻找类星体的最高成功率。"

共发现了多少类星体

科学发展之迅速从类星体研究中得到了充分的证明。类星体发现于1963年。那时，只要找到哪怕一颗类星体，也可以写一篇文章发表。后来，天文学家们

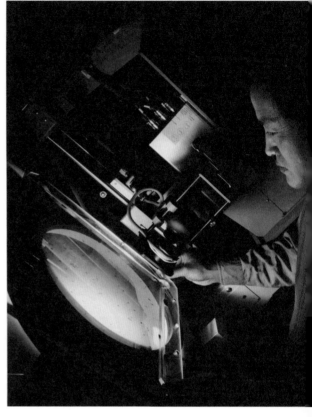

作者正在寻找类星体

在寻找类星体的过程中，逐步发展了各种方法。目前，选择类星体候选体的方法主要有以下几种：

（1）射电方法

（2）多色方法

（3）无缝光谱方法

（4）弱变光天体方法

（5）X射线方法

（6）红外辐射方法

（7）零自行方法

所有这些方法都是先找出类星体的候选体，再进行单星分光观测予以确认。射电方法是最经典的发现类星体的方法。首先寻找射电源，根据射电源的物理特性找出其光学对应体，选出类星体的候选体。多色方法和无缝光谱方法我们已经做了详细的介绍。弱变光天体方法是基于类星体不规则的光变去寻找。X射线方法和红外辐射方法是基于有些类星体在这些波段上有不寻常的辐射，根据其辐射特征找出相应的光学对应体进行证认。零自行方法最有意思。由于类星体都是银河系之外的非常遥远的天体，不参加银河系的任何运动，因此，从地球上看去，它们应该没有任何的相对运动，也就是孤零零地悬挂在那里。我们看到的所有的恒星都是银河系里的天体，自然会绕银河系旋转，因此会有自行运动。这样一来，我们找出那些样子像恒星，但没有自行运动的天体，不就是类星体了吗？

类星体发现多了，自然要编成类星体表。第一个类星体总表是1977年由阿德莱德·休伊特和杰弗里·伯比奇合编的，共包括637颗类星体。伯比奇是大名鼎鼎的天文学家，曾做过美国基特峰国家天文台的台长。而这位休伊特其实不是天文学家，只是伯比奇的女秘书而已。后来，他们又编了几次表就停止了。接下来编表的是法国天文学家韦龙夫妇。他们于2000年编辑的《类星体和活动星系核表》（第九版）中，类星体总数达到13 214颗；最新一版的数目是133 336颗类星体（2011年，第13版）。可以看出发现类星体的速度之快。事实上，已经发现的类星体远远超过这个数。有两家发现大户。一是英澳天文台，他们利用物端棱镜巡天数据，加上2平方度视场（2 dF）的光纤光谱仪，已经发现了2万多颗类星体。另一家是美国的斯隆数字巡天，他们每年发表一批类星体。到2013年7月的第十批，已经发现了308 377颗类星体。加上目前在天文学家手中尚未发表的类星体，类星体的总数肯定在40万颗以上。

类星体的光谱

天文学家的"法宝"

听来似乎难以置信，天文学家居然能把几万光年，甚至几亿光年远的一个天体，从化学组成到物理状态的各种情况测量得一清二楚。天文学家手里的"法宝"是什么呢？原来就是天体的光谱。在所有的天文观测手段中，给予我们信息最多的莫过于光谱了。

我们已经看到过类星体的光谱了。拍摄光谱的仪器叫作摄谱仪。天文上用的摄谱仪和一般物理实验室的摄谱仪在原理上完全一样，只不过前者制作得更为小巧和灵便，为的是挂在望远镜的后端，和望远镜一起不停地运转。近代摄谱仪的另一特点是用CCD*元件代替了照相底片，这不仅减少了天文学家在暗室中操作的劳累之苦，更重要的是观测的灵敏度得到了成百倍的提高。

通常把天体的光谱分为两类：连续光谱和线光谱。连续光谱是按红橙黄绿青蓝紫的顺序排列下来的，即按波长从长到短。线光谱则是一些

---

* CCD——电荷耦合器件。在摄谱仪中用来替代底片，以记录来自天体的辐射，效率高，噪音低，在当时是非常先进的。现在已在数码相机、录像机、手机等各种摄影、摄像设备中普遍采用。

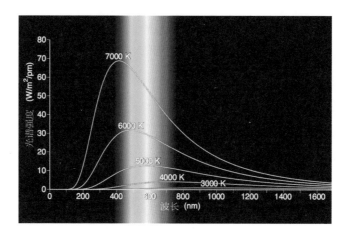

用连续光谱测定天体的温度

离散的光谱线。一般情况下都是线光谱和连续光谱叠加在一起，即在连续光谱上呈现一根根的光谱线。

先看一看天体的连续光谱能告诉我们什么。我们坐在火炉旁边时会感到暖和，这是因为火炉向四周发出辐射，这种辐射就属于连续光谱。火烧得越旺，温度越高，辐射便越强烈。我们把这种辐射叫作热辐射，或者黑体辐射。在实验室里可以造一个黑体，按黑体的温度拍下它的连续光谱，便是标准光谱。然后，将天体的连续光谱与这些标准光谱进行比较，便可以得出天体的表面温度是多少。例如，我们常说太阳的表面温度大约是6000摄氏度，就是这样定出来的。

用连续光谱直接去测量一个物体或者一个天体的温度的方法都是基于热的概念。一个物体越热，它的温度就越高，由它发出的连续辐射也就越强。这种辐射用单一的物理参数——温度去描述，便是通常的热辐射。

利用连续光谱不仅可以测定天体的温度，还可以检验天体的辐射性质。实际上，并不是所有的天体连续谱都能与标准光谱符合得很好。20世纪50年代，天文学家们开始注意到，许多天体的连续谱无法和任何个热辐射谱相符合，这说明天体在这些波段的辐射并不是由于加热而发出的，于是把它们发出的辐射称为"非热辐射"。非热辐射在近代天体物理学中有着重要的物理意义，因为它表明了在这些天体上存在着许多特殊环境。这些特殊环境往往是地面上难以实现的，而这正是天文学家和物理学家的兴趣所在。在非热辐射的各类天体中，类星体是十分典型的，类星体发出的连续辐射大部分是非热辐射。

线光谱的形成则比较简单。原子中的电子都在一定的轨道上绕原子核旋转，每一个轨道对应于一个能级。电子从高能态跳到低能态，便以发射一份光子的形式释放一份能量。用E_m和E_n代表上下两个能态，则电子在跳跃后产生的辐射波长λ满足

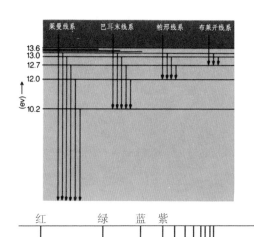

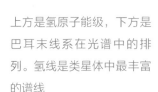

上方是氢原子能级，下方是巴耳末线系在光谱中的排列。氢线是类星体中最丰富的谱线

$$E_m - E_n = hc\frac{1}{\lambda}$$

h是一个常数，叫作普朗克常数，c是光速，λ便是波长。而电子从低能态跳到高能态，则要吸收光子。无论发射光子还是吸收光子，光子的波长都是一定的，表现在光谱中就是一条很锐的谱线。

原子的光谱非常复杂，就连最简单的氢原子也可以形成一组一组的谱线（见左图）。其中，莱曼线

系和巴耳末线系是最重要的。莱曼线系分别叫作Lyα、Lyβ、Lyγ……；巴耳末线系分别叫作Hα、Hβ、Hγ……。序号是用希腊字母α、β、γ、δ……表示的。这些氢线都是类星体光谱中最重要的谱线。

不难理解，每一根谱线都是和一定元素的原子联系在一起的，就像原子的"身份证"一样。我们在实验室里预先把所有原子的谱线都测量出来，造一个"户口册"。当拍好天体的光谱以后，就将其谱线与"户口册"对照，这项工作叫作谱线的证认。一个天体的光谱，有时多达几千条谱线，天文学家需要耐心地一根一根地进行证认，最后查清楚这个天体有哪些化学元素。根据谱线的强弱，还可以知道这些化学元素的含量是多少。

虽然是同一种化学元素，但在不同的物理条件下，光谱线在细节形态上还可以有千差万别，据此便能判断出天体上的物理状况。因此，光谱线不仅可以告诉我们天体的化学组成，还可以告诉我们天体上的压力、温度、密度、磁场等。

类星体的光谱

我们曾经提到，类星体在正式发现之前已经被天文学家观测到了，但是却擦肩而过。其原因有二：一是类星体的光谱并没有什么非常特殊的地方；二是由于红移的原因，类星体的光谱线都不处在实验室中所获得光谱的正常位置，每根谱线都向红端（即长波方向）移动了。由于每颗类星体的红移大小不一样，移动的多少也就不一样，因此容易造成证认上的错误。

类星体的光谱的确没有非常特殊的地方，但是，平凡之中却反而显示了"特殊"。换个角度看，类星体的光谱是一个"万宝箱"，应有尽有。天体中出现的各种类型的连续光谱和线光谱，在类星体的光谱中都可以找到。

　　总体上，类星体的光谱由两部分组成：连续谱和线光谱。线光谱又分为两类：发射线和吸收线。电子由高能态跳向低能态时，会释放出一份光子，叠加在连续谱上，从而形成高出连续谱的发射线。反之，电子由低能态跳向高能态，要吸收一份光子，从而形成低于连续谱的吸收线。所有的类星体都存在着明显的发射线，这也是类星体的突出特征。部分类星体，除了发射线以外，还同时存在着吸收线。下图是笔者1982年2月17日在美国帕洛马山天文台发现的一颗非常具有特色的类星体的光谱。当时，5米望远镜才安装上双光束摄谱仪，即将摄谱仪分为两个波段：红光照相机对应于5000～10 000 Å，蓝光照相机对应于3000～5000 Å。两部分光谱再合在一起处理。因此，整个光谱的观测波长从3000～10 000 Å，覆盖了地面上能看到的全部可见光光波。在该类星体的光谱中可以看到一些很强的发射线，强发射线的旁边还伴有强的吸收线。这些相伴的吸收线是由于类星体周围的气体吸收了一部分光线造成的。如果不考虑发射线和吸收线，把整个光谱平滑地连起来，便是连续光谱。可以看出，连续光谱的走向受到了这些发射线和吸收线的"歪曲"。在短波波段，当波长短于4000 Å时，地球大气的吸收就变得很严重了。

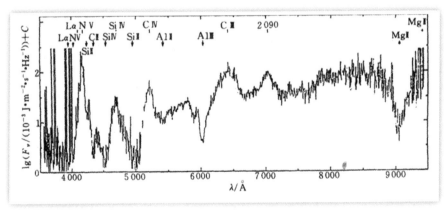

笔者发现的类星体Q1232＋134的光谱，波长范围为3000～10 000 Å，每条谱线对应的元素标在上方

连续谱总也符合不好

类星体在所有的电磁波段上都有辐射，包括 γ 射线、X 射线、紫外线、可见光、红外和射电。如果按上述处理连续光谱的方法对类星体 Q1232＋134（见上页图）的光谱加以平滑，便可以得到它的连续谱。细心的读者不难发现，这样得出的连续谱大致应该是一条直线。将它与本书第25页的标准光谱去比较，无论如何是不相符合的。因此也无法用类星体的连续谱得出类星体的温度。

前文已经提到，这一现象是由于类星体的非热辐射造成的。非热辐射有多种，是天体物理学中很重要的一个研究领域，有关的内容已经超出了我们讲述的范围，在这里只列出它们的名称：回旋辐射、同步加速辐射、曲率辐射、康普顿散射、逆康普顿散射……非热辐射的连续谱有一个共同的特点，如果横坐标用频率的常用对数来表示，纵坐标用强度来表示，它们的谱型都是接近于一条直线，我们把这种谱叫作幂率谱。幂率谱虽然都是直线型，但直线的倾斜程度，也就是斜率，却是不一样的，一般是用幂率谱指数 α 去描述。为了更直观地说明这一点，我们选取若干个实际观测到的类星体的光谱。下页图中每个类星体的波长范围都是从5000 Å到1900 Å，图上横坐标是用频率数值（除去了单位Hz）的常用对数标出的。每一个光谱下方的直线，便是拟合出来的幂率谱。每个光谱中突起的谱线就是类星体的发射线。如果仔细分析，会发现连续谱的直线似乎画得有些偏低，在直线的上方还有许多额外的突起，而并非是发射线。真实情形的确是这样，类星体连续谱的辐射机制相当复杂，它的辐射谱型不是单一的，而是混合型的，往往是在幂率谱的基础上附加其他的辐射源。其中，最典型的特征是3000 Å突起，亦称为蓝色突起。观测发现，大部分类星体在相当于静止波长2000 Å<λ<4000 Å之间，连续辐射明显增强。而在3000 Å处，还形成一个突起，仿佛是一条

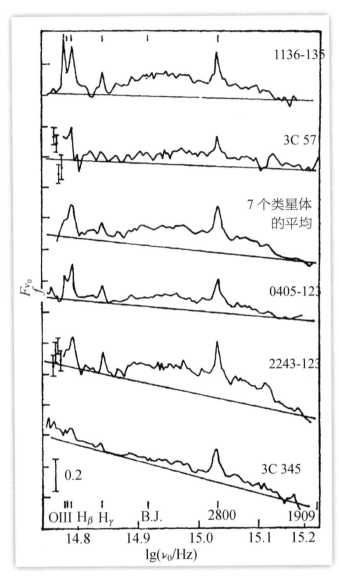

类星体在光学波段的连续谱，3000 Å处的突起十分明显，其中第三条光谱是7颗类星体的平均

光谱线。实际测得的光谱中并没有这条谱线，这个突起究竟是怎样形成的，仍然是一个研究中的问题。

类星体的连续辐射主要是非热辐射，但也有一定成分的热辐射。有些波段，热辐射的比重还相当大。

类星体标准光谱

大部分地面实验室中的原子光谱在天体中都可以找到。不仅如此，有些光谱线是在天体中首先发现的，而在实验室中一时找不到对应的谱线。后来发现，天体中可以创造出极为特殊的物理条件，一些特殊谱线只有在这样的条件下才能产生。科学家们于是在地面实验室中尽量模仿天体的条件，创造出高水平的科学实验平台。

类星体光谱中有多少条谱线，取决于望远镜的观测水平。有的研究课题，专门追求获得更多的谱线，于是动用大型的望远镜、高分辨率的摄谱仪，进行极长时间的露光。在这些条件下，可以发现几千条谱线。不过，许多谱线并不是固有的谱线，可能是一些次生线。通常情况下，类星体中出现的各种发射线仅有60多条，出现频率较高的不过20条左右。类星体的主要发射线十分突出，都是一些宽而强的谱线。当天文学家们寻找类星体时，只要看到这些谱线，便会立刻兴奋起来，因为这些谱线以及它们的特殊形状在天体中几乎是唯一的。

下页的表格列出了类星体的光谱中最主要的发射线及其相对强度。我们将Ly α线的相对强度设为100。Ly α线是氢莱曼线系中的第一条谱线，波长为1216 Å，是类星体中最强的发射线。与之强度差不多的是氢H α线，即巴耳末线系的第一条谱线，波长为6562 Å。不过，在实际观测中是无法同时看到这两条谱线的，如果Ly α红移到了可见光区，

类星体光谱中的主要发射线及其相对强度

波长/Å	离子	相对强度	波长/Å	离子	相对强度
1034	O VI	20	3426	[Ne V]	5
1216	H I(Ly α)	100	3727	[O II]	10
1240	N V	20	3869	[Ne III]	5
1400	Si IV+O IV	10	4861	H I(H β)	20
1549	C IV	50	4959	[O III]	20
1640	He II	5	5007	[O III]	60
1909	[C III]	20	6562	H I(H α)	100
2798	Mg II	20			

H α 早已红移到红外区了。反之，如果能看到H α，Ly α 便处在紫外区，只有在空间望远镜上可以看到。表中的第二列是谱线对应的元素。元素符号后面的罗马数字代表的是电离的级次，I代表没有电离的中性元素，II代表一次电离……依次类推。有的谱线加方括号[ ]，凡加[ ]的表示这些谱线是禁线*。

标准类星体光谱，它是由2000颗不同红移的类星体拼接而成的

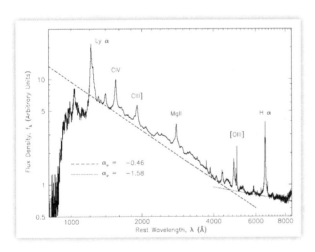

为了获得一张完整的类星体光谱图，天文学家们把各种红移的类星体光谱拼接在一起。左图便是由2000颗类星体的光谱拼接在一起的。图中不仅标出了主要谱线的名称，还显示出了它们的相对强度。

---

* 在通常的物理条件下，一些原子能级之间的跃迁概率非常小，因此不会产生相应的光谱线，被称为禁线。只有在一些天体上的特殊物理条件下，这些禁线才会出现。

谱线成林——Lyα线丛和多重红移

五花八门的吸收线

所有的类星体都具有发射线，发射线是类星体的象征。而吸收线仅一部分类星体具有，主要是中高红移的类星体。类星体被发现（1963年）之后仅过了三年，天文学家便发现了第一颗具有吸收线的类星体3C 191。它有九条吸收线，每条吸收线都有对应的发射线相伴。

具有吸收线的类星体被发现得越来越多，而且，吸收线的类型也非常多，可谓五花八门。这一点和发射线完全不一样，所有类星体的发射线变化都很少，仅仅在发射线的强度和宽窄上彼此有区别，但种类都是相同的。为了对吸收线做系统性的研究，美国天文学家雷·魏曼建议，可以将类星体的吸收线分为A、B、C和D四种类型。

A型：非常宽的吸收线。一条谱线的宽窄，通常以Å为单位，宽线的宽度可以达1000 Å以上。

B型：窄的吸收线，也称锐的吸收线。锐的吸收线在类星体中数量颇多。B型是指那些与发射线相伴的吸收线。也就是说，如果测量吸收线的红移值，它和相邻的发射线的红移值相差甚小。如果用$Z_吸$表示吸收线的红移，$Z_发$表示相应的发射线的红移，则对于B型吸收线应该满足

$$\frac{Z_发 - Z_吸}{1 + Z_发} \leqslant 0.01$$

红移乘以光速表示的是运动速度，因此，发射线和吸收线之间的速度差不超过3000千米/秒。由此可以判断，造成B型吸收线的物质都处在类星体的周围。

C型：也是锐吸收线，但这些吸收线不再和相应的发射线相伴，也就是它们的红移值$Z_吸$可以具有各种数值，被称为多重红移。

上述三种类型的吸收线可以同时表现在同一颗类星体上。下图便是这样的一颗类星体，它同时具有

魏曼的吸收线分类图

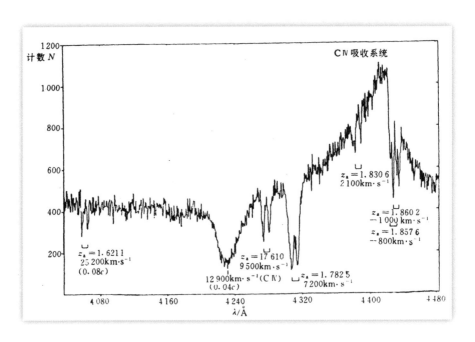

A、B和C三种类型的吸收线。图中的宽吸收线λ=4230 Å属于A型。在靠近发射线C IV的旁边有一组吸收线对，红移值$Z_{吸}$为1.860 2和1.857 6（图中$Z_{吸}$用Z_a表示）。它们与发射线的红移值相差很小，用速度表示仅有1000千米/秒和800千米/秒，因此属于B型。此外，还有四组吸收线，红移值$Z_{吸}$分别为1.621 1、1.761 0、1.782 5和1.830 6。这些吸收线组都没有发射线相伴，也就是与类星体的红移相差甚远，属于多重红移，因此属于C型吸收线。

D型：类星体的第四种吸收线类型，又称为Ly α线丛，是由氢的莱曼线系的第一条谱线莱曼α产生的系列吸收线群。

超宽的吸收线

具有A型吸收线的类星体被称为宽吸收线类星体（Broad Absorption Line Quasar，简称BAL QSO）。A型吸收线在类星体中并不多见，只有在较高红移的类星体中才能见到，大约占这些类星体总数的3%～10%。可见，出现BAL的概率是相当小的。

人们自然要问，同样是类星体，为什么有的有吸收线，有的没有吸收线，而有的居然还有宽的吸收线。这些问题都无法用一两句话回答清楚。事实上，每个问题都是类星体在研的一个课题。现在，让我们试着解答为什么会存在BAL。下页上方是一颗典型的具有宽吸收线的类星体，其红移值$Z_{发}$= 2.545，图中标出了各条发射线的波长，许多发射线的旁边都伴随着宽的吸收线。

目前天文学家认为，每一颗类星体都有一个中心体，这个中心体的中心就是一个黑洞，类星体的光都是由中心体发出来的。当然，光不会从黑洞中发出来，而是从黑洞的周围发出来的。黑洞吞噬周围的物

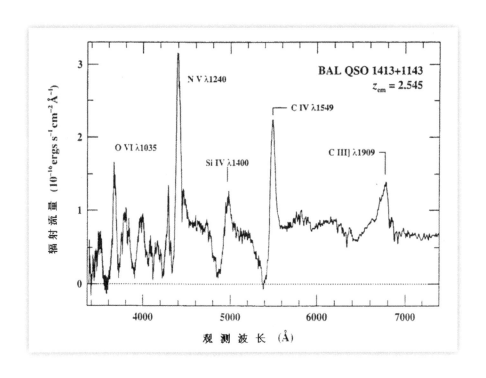

内的文字说明：

图内标注：

N V λ1240

BAL QSO 1413+1143
$z_{em} = 2.545$

C IV λ1549

O VI λ1035

Si IV λ1400

C III] λ1909

纵轴：辐射流量（10^{-16}ergs s^{-1} cm^{-2} Å^{-1}）

横轴：观测波长（Å）

典型的具有宽吸收线的类星体BAL QSO 1413+1143

质，而周边也在不停地向外发光。我们可以把这组中心体称为中心辐射源，简称中心源。从中心源发出的光自然向四周辐射，形成最普通的类星体的光谱。然而，在类星体的周围，还有在不停地围绕着类星体旋转的盘状的带，被称为吸积盘。天体周围有吸积盘是很普遍的，我们的太阳当年就有一个吸积盘，这个吸积盘里的物质相互吸引，逐渐形成一个一个的行星，最后形成太阳系。

类星体的吸积盘外面还有一个尘埃环。尘埃环像一个轮胎，里面充满气体和尘埃物质，也被称为遮蔽环。这样的一圈物质自然要吸收光线，当光穿过它时便会形成吸收线。当观测者正好处在遮蔽环的方向上，也就是穿过遮蔽环去看类星体时，便会发现吸收线。至于这些吸收线为什么会变得这么宽，原因在于吸收带内不仅有大量的吸收物质，而且这些吸收物质还有自身的运动，尤其是那些形成团块的物质，会朝不同的方向运动，由它们造成的吸收线便会变得很宽。如果观测者的观测方向不穿过遮蔽环，便不会发现任何的宽吸收线，他所看到的就是一个正常的类星体光谱。这样一个模型不仅解释了宽吸收线是怎样形成的，还可以解释具有宽吸收线的类星体所占的比例。地球上观测类星体的方向是随机的，只要计算一下遮蔽环的一圈环带能够遮挡住多大面积的天空，就能估测宽吸收线的类星体有多少。计算结果不会超过10%，有的遮蔽环会小一些，再加上观测吸收线对望远镜要求很高，因此总的比例小于10%。这样，我们便"圆满"地解释了宽吸收线类星体是怎样形成的。之所以对"圆满"二字加引号，是因为深入研究表明，这个模型也还存在着许多疑问。

多重红移

B型和C型吸收线都是一对一对的吸收线对，也就是吸收双线。为什么专挑吸收双线呢？原来只有吸收双线才容易辨认。如果是孤零零的一

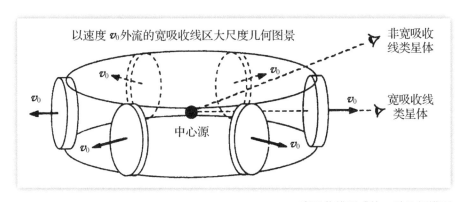

宽吸收线形成的一种几何模型

根吸收线，由于不知道它是什么谱线，因此它的红移值究竟是多大很难断定。在类星体中常见的吸收双线不超过十对，下表中列出了最常见的吸收线对和它们在实验室中的波长。这些吸收双线有一个共同的特点，它们大都属于一些金属形成的谱线，也就是属于重元素。因此，在有的分类中，把B型和C型合成为一类，统称为重元素吸收线。

类星体中常见的一些吸收线对

谱线	波长（Å）	谱线	波长（Å）
N V	1238.8 1242.8	Al Ⅲ	1854.7 1862.8
Si Ⅱ	1260.4 1304.4	Mg Ⅱ	2796.3 2803.5
Si Ⅳ	1393.8 1402.8	Ca Ⅱ	3934.8 3969.6
C Ⅳ	1548.2 1550.8	Na Ⅰ	5891.6 5897.6

　　B型吸收线都与发射线相伴，它们是由围绕着类星体的气体形成的，原因是B型线的红移值和类星体的红移值十分接近。对于C型来说，其红移值和类星体的红移值相差甚远，因此必然是由远离类星体的气体形成的。事实上，从类星体发出的光，在到达观测者的漫长路途上，可能会遇到各种物质甚至天体。每经过一次这样的天体，就会被吸收掉一部分光，从而形成一组吸收线，而这组吸收线的红移值正好代表了这个天体所在的位置。更多的情况下，C型线是由分布在星系周围的、延伸的、低密度的气体形成的，这些星系距离类星体很远，目前都无法观测到，因此又被称为埋藏星系。类星体的光每经过一个埋藏星系，就形成一组吸收线红移，有多少个埋藏星系，就有多少组吸收线红移。我们把这些不同的红移称作多重红移。对于一些高红移

的类星体，多重红移的数目可以达到十重以上。打一个比方，一个个埋藏星系就像拦路的盗贼。类星体每经过一个"盗贼"，就必须留下一部分"买路钱"。目前，我们还看不到"盗贼"的真面目，但是它们的行为，即它们形成的吸收线，已经被记录在案。总有一天，随着天文学观测技术的提高，它们的真实面目会大白于天下。

由"森林"变成"线丛"

东方人和西方人在性格上有很大的差异，在对待科学研究和科学术语的命名上表现得尤为突出。天文上常用的一种统计方法，西方人以大赌城蒙特卡洛来命名；而东方人视科学为神圣的殿堂，至少在表面上从不敢有任何亵渎。在类星体的吸收线光谱中，类型D的命名过程便体现了东西方科学家在思维上的反差。类型D是指在氢原子莱曼α（Lyα）线的左侧，即比Lyα谱线波长（1216 Å）更短的一侧，有许许多多的弱小吸收线，一根挨着一根，看上去像是草丛。西方天文学家把草夸大成树，把草丛夸大成森林，于是将D型吸收线命名为"莱曼α森林"（Lyα forest）。这个名字传到了我们的东方大国，就需要重新审视一番了。

出于对科技名词的规范，我国成立了全国科学技术名词审定委员会。委员会下按学科设立了几十个分委会，天文学便是其中的一个，叫作天文学名词审定委员会。委员会的成员每届都进行更新。笔者从第一届起就是该委员会的成员，一直到今天。我们的主要任务是将新出现的天文学名词译成标准译名，并予以解释。另外，还负责将其他国家和地区出现的汉语译名规范化。"Lyα forest"一词在审定时便引发了热烈的讨论，是用直译好，还是按科学内涵意译好？最后通过的决议是翻译为"线丛"，而不是"森林"——我当时大概也是投了赞成票的。但如果重新定名，我肯定会赞成"森林"。有一点儿科学的幽默，又形象易记，不是更好吗？

Ly α 谱线的波长 λ =1216 Å，在所有已知的元素光谱线中，它的波长是最短的。比它波长再短的谱线只有一些很弱的线，例如莱曼线系的 β 、 γ ……以及一些更弱的同位素的线。根据谱线强弱的比例，这些谱

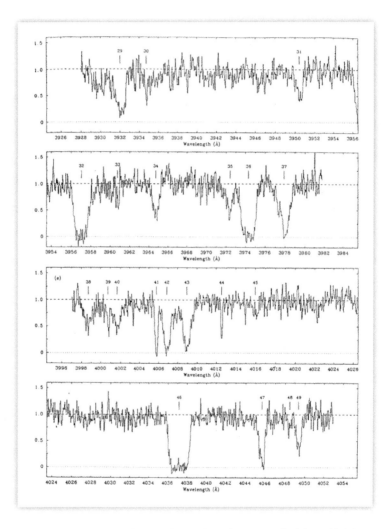

一颗典型的类星体的Ly α 线丛，每一条Ly α 吸收线都用数字标出，该图仅是其中的一部分，子线数目达几千条

线是极难被观测到的。那么，我们在类星体中看到的这些短于1216 Å的密密麻麻的吸收线究竟是什么谱线呢？既然没有其他元素产生的谱线，唯一的可能仍然是氢的谱线，而且是Lyα线。原来，Lyα线是类星体中最强的发射线，Lyα光子从类星体发出来以后，在到达地球的漫长征途中，同样会遇到许多宇宙中的物质。但是，并不是所有遇到的物质都对Lyα光子感兴趣，只有以氢元素为主的物质才能吸收Lyα光子。因此，这些吸收Lyα光子的都是一些以氢为主的气体云，也就是氢云。Lyα辐射每经过一个氢云，就被吸收掉一点儿，造成一条小的吸收线。这条吸收线的位置由它的红移值来决定，红移值所表示的刚好是这个氢云的距离。另外，根据吸收线的强弱，还可以确定这个氢云的大小和密度。这样一来，一条小的吸收线就为我们提供了了解一个宇宙氢云的足够的信息。我们知道，我们的宇宙主要是由氢组成的，宇宙质量的75%都是氢。因此，宇宙中的氢云团块特别多，每一个团块形成一条小小的吸收线，于是就变成了"森林"。

拍摄Lyα线丛并不是一件容易的事，只有超大型的望远镜才能做到。有一段时间，研究Lyα线丛几乎成了加州理工学院天文系的专利，因为帕洛马山天文台的5米望远镜几乎是他们专有的。记得20世纪90年代初我在澳大利亚的英澳天文台访问时，他们把自己的望远镜拍摄的Lyα线丛贴在天文台圆顶的墙上，以显示他们的望远镜所达到的水平。拍摄Lyα线丛的另一困难之处是需要长时间的露光，即使对于大型望远镜，露光时间也都需要四五个小时，甚至更长。天文学家好不容易才申请到一点儿大望远镜的观测时间，一般不愿意做这种太"奢侈"的观测。

笔者在类星体的观测历程中，也曾经"奢侈"过一把，特意尝试观测Lyα。那次用的是多镜面望远镜（Multi-Mirror Telescope，简称MMT）。MMT是一台组合型的望远镜，它由6台1.8米的望远镜组合在一起，相当于一台4.5米的望远镜。在这台望远镜上，大约露光了4个小时，终于拍到了Lyα线丛。我相信，这是中国天文学家首次观测到Lyα线丛。MMT望远镜目前已不存在，它的缺点在于每次观测都要十分细心地把6个子望远镜的焦距调到同一个焦平面上。由于焦距会受温度和望远镜位置的影响，因此，在一个夜晚的观测过程中，观测助手需要做多次调试。也许是出于这些原因，目前的MMT已经被一个直径为6.5米的单镜面望远镜替代了。

作者用MMT观测到的Lyα线丛

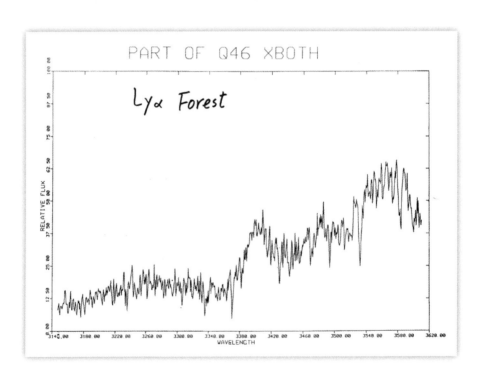

这样测量类星体的距离对吗？

最最基本的天文常数——距离

每每谈及天文，听到最多的，也是最基本的一个问题就是："你们怎么会知道天体离地球有几百万光年，到底是怎样测量的呢？"

在地球上，要想测量远处一个物体，例如河对岸的一棵树C离我们有多远，通常都是在地面上选择两个点A和B，在A点用仪器量出C和AB的夹角∠A，在B点测出夹角∠B。已知∠A和∠B，就可以算出∠C的大小。在大地测量学中，∠C叫作视差角，AB叫作基线。知道了视差角∠C

用三角法测量远处物体的距离

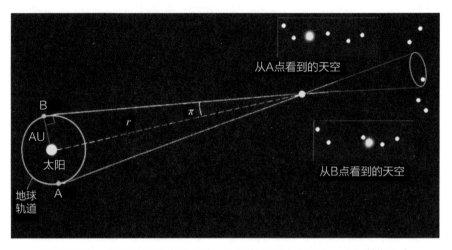

恒星的视差。由于地球绕太阳公转，恒星在天空中会画出一个视差椭圆来

和基线AB的长度，便很容易算出树到我们的距离。

测量恒星的距离也是用类似的方法。在天文上，有一条天然的长基线，这就是地球绕太阳公转轨道的半径。一颗恒星对这个半径的张角叫作恒星的视差，用 π^* 来表示（见上图）。地球绕太阳运动的平均距离称作1天文单位（AU）。

$$1天文单位 = 1.49 \times 10^8 千米$$

因此，只要知道了恒星的视差角，就可以算出恒星到地球的距离。

我们根据上图做一个简单的运算，若天文单位用 a 来表示，恒星的距离用 r 来表示，则恒星的视差 π 可以表示为

$$\sin \pi = \frac{a}{r}$$

一般 π 角都很小，若以弧度表示，则近似地有

$$\pi = \frac{a}{r}$$

---

* 此处，π 表示角度，而非平常的圆周率。

若 π 用角秒表示，由于1弧度= 206 265角秒，故

$$r = \frac{a}{\pi} \times 206\ 265$$

当 π = 1角秒时 r 的长度，称为一个秒差距（pc）。

1 pc = 206 265天文单位 = 3.259光年

知道了天体的视差，就等于知道了天体的距离，因此，天文学中常常把"视差"和"距离"视为同义词。恒星的视差都很小，没有一颗恒星的视差大于1角秒。就拿离我们最近的半人马座比邻星来说，它的距离是4.3光年，由上面的公式不难算出其视差只有0.76角秒。

开普勒的老师，丹麦天文学家第谷·布拉厄正在进行观测

1角秒的张角有多大呢？相当于把一个直径为1厘米的小球放到2千米处所张的角度。不难想象，在没有望远镜的时代，要测量比这还要小的角度是何等困难。古代天文学家们为了测出恒星的视差，花费了几百年的时间。16世纪，有一位终生致力于辛勤观测的天文学家，叫第谷·布拉厄。当时，尼古拉·哥白尼的日心说正在广泛传播，第谷经过认真思考，表示不同意哥白尼的观点。他认为，如果是地球绕太阳旋转，应该观测到恒星的视差效应。如上页图所示，当地球位于位置A时，观测者看到的恒星在天空中的投影位置在上方；过半年后，地球运行到B时，恒星在天空中的投影位置应该在下方。这样，在一年的过程中，地球上的观测者应该看到，近距离的恒星S会在天空中画出一个视差椭圆来，而远距离的恒星在天空中的位置则不应该有什么变动。可是，第谷没有观测到任何一颗恒星有这种视差椭圆效应，因此，他怀疑地球是否真的在绕太

阳旋转。第谷的看法和当时的黑暗宗教势力反对哥白尼的学说完全出于不同的动机。所以,后人非但没有责备第谷,反而钦佩他的科学家的诚实态度。第谷虽然没有发现恒星的视差,但他却留下了大量的宝贵的观测资料。到了晚年,他将这些资料交给他的学生约翰内斯·开普勒。开普勒认真分析了其中的有关五大行星在天空中的运行资料,发现行星绕太阳运动的三条重要定律,这就是著名的开普勒行星运动三定律。开普勒定律不仅彻底地证实了日心说的正确,而且导致了牛顿万有引力定律的发现。

最早成功地测出恒星视差的是俄国的瓦西里·斯特鲁维和德国的弗里德里希·贝塞尔。贝塞尔于1838年测出了天鹅座第61号星的视差,它的确在背景星上画出了一个椭圆,视差角是0.31角秒,相当于3秒差距,即10光年。天鹅座第61号星是离我们最近的恒星之一。

不停地"三级跳"

以地球轨道半径为基线测出的恒星视差,叫作三角视差。尽管天文学家们十分努力,但也只有距离地球较近的恒星,才能适用三角视差方法。目前,视差角的测量精度已经达到了±0.009角秒,被测量出的恒星也才只有10 000多颗。世界上一些传统的大天文台,像英国的格林尼治皇家天文台、美国海军天文台,仍在进行这项工作。我的朋友,原上海天文台台长赵君亮研究员,20世纪80年代初刚到英国时,便在格林尼治天文台从事这项工作。面对大量的照片底片,不停地相互对比,找出那些十分微小的错位恒星,仔细而反复地测出它们与背景恒星的视差——如此繁琐的工作,使很有进取精神的赵先生也难以长久坚持。后来,他北上到我所在的爱丁堡皇家天文台,开辟了另一个研究领域。

三角视差是所有天体距离测量的基础。三角视差达到的距离极限大约是110秒差距，即不到400光年。对于更远的恒星，我们只能从已知距离的恒星，逐步"跳跃"过去。

一个发光体有它自己固有的发光度，叫作光度。摆到远处，看上去的发光度，叫作视光度。作为一颗恒星，和光度对应的，叫作恒星的绝对星等，用大写M表示。和视光度对应的，叫作恒星的视星等，用小写m表示。显然，发光体离我们越远，它的视光度就越小。因此，视星等和绝对星等之差便代表了恒星的距离，通常表示为

$$m - M = -5 + 5\lg r$$

式中$\lg r$是恒星的距离r取对数。有了这个公式，便可以"三级跳"了。对于已知三角视差，即距离r的恒星，它的视星等m可以由观测确定，因此，由该公式便可以求出它的绝对星等M，即它的固有光度。我们把不同光度的恒星加以分类，找出相同光度的恒星的共同物理特征。以此作为基础，对于更远处的恒星，只要它有相同的物理特征，它的光度便应该是相同的。也就是说，我们便知道了它的绝对星等M，根据$m - M$，便可以求出它的距离r来。因此，天文上把$m - M$称为距离模数。

所有对远处恒星的距离的测量，都归结为找出它的绝对星等M。得到绝对星等的方法是多种多样的，一种方法是利用恒星的一些特殊的光谱线。这些光谱线之间的强度比和恒星本身的光度有关。测量出强度比，便可以确定恒星的M，从而得到距离。用这种方法得到的距离称为分光视差。

另一种常用的方法是通过变星。天文学家发现，有一类变星的光变周期和其固有光度有密切的关系。这类变星属于脉动变星，其典型星是仙王座δ，中文名为造父一。因此，又将这类变星称为造父变星。

发现造父变星的光变周期和光度有关系的，是美国的女天文学家亨利埃塔·莱维特。她于1912年在南非观测麦哲伦云里的造父变星时，发现

它们的光变周期P和视星等m相关性很好。而麦哲伦云里的变星距离都一样，这就意味着光变周期P和绝对星等M相关。后来证实，莱维特的这一发现具有划时代的意义，造父变星不仅可以用来测量恒星的距离，还可以用来测量河外星系的距离。因此，造父变星被冠以"量天尺"的美名。

哈勃的另一大功劳——再一次跳出井底

人类出于自己的尊严和偏见，总是把自己想象为万物之首。看看周围的世界，无论是生灵，还是草木，都远远在自己之下。人类面对浩瀚的宇宙，开始时或许有些茫然，但出于本性很快地就自信起来，自封为宇宙的主宰，自封为宇宙的中心。应运而生的克劳狄乌斯·托勒密地心说正好符合了人类的这种虚荣心，加之宗教的影响，便被裁定为圣律。经过了漫长的一千多年，才出了一个哥白尼。哥白尼为了追求真理，奋斗终生，把宇宙的中心从地球搬到了太阳。宗教势力在不得不让步之后，还是感到些许欣慰。因为太阳毕竟是太阳，它对于我们人类仍然是独一无二的。从此以后，天文学家们消停了，不再和宗教捣乱了，安心于数天上的星星。哥白尼去世于1543年，之后将近400年，天文学家们的确没有什么大的建树，只是比赛谁数出的星星数目多一些。其中，最被吹捧的是英国天文学家威廉·赫歇尔，他数出了117 600颗星星。他的妹妹和儿子也都帮他一起数。威廉·赫歇尔将这些星凑在一起，画出了一个银河系的模型，我们的太阳仍然位于这个模型的中心。

进入20世纪，先进的望远镜逐渐被广泛使用，天文学家们开始怀疑，我们的太阳是否位于银河系的中心。大量的观测表明，太阳不仅不在中心，而且还和周围的恒星一起，绕着另一个中心旋转，这个中心便是银河系的中心。太阳在银河系中，无论从位置上，还是从规模上，都是普普通通的一颗恒星。这一次的变革似乎没有引起太大的争议，因为天文学家们早已认识到，银河才是真正的宇宙。

科学的挑战从来都是无止境的，一些科学家慢慢发现，星空中有被称作星云（nebula）的发亮斑点。仔细观测，发现它们之间有很大的差别，一些仅仅是"云雾"，一些在"云雾"中还有星星。这些有星星的"云雾"会不会是另外一个银河世界呢？1920年4月26日，美国国家科学院专门组织了一场大辩论，一方以哈洛·沙普利为代表，另一方以希伯·柯蒂斯为代表。柯蒂斯发现，这些星云中有一些是旋涡状的。他主张，"这些旋涡星云不是银河系内的天体，而是像我们自己的银河系那样，是银河系之外的星系，这些旋涡星云向我们显示了一个更为宏大的宇宙"。沙普利坚决反对这种"偏激"的观点，他认为没有理由"去修改当前的假设，即旋涡星云根本不是由典型的恒星构成，而是真正的星云状天体"。换句话说，它们都是在银河系之内。

揭开这场大辩论谜底的是埃德温·哈勃。哈勃出生于1889年11月20日，1910年毕业于芝加哥大学天文系。后来到英国牛津大学学法律，回国后当过律师。第一次世界大战期间，他应征成为一名陆军士兵。1919年，受当时美国著名天文学家乔治·海耳的影响，从德国的美军基地返回威尔逊山天文台工作，时年已经30岁。威尔逊山天文台拥有当时世界上最大的100英寸（2.5米）望远镜，哈勃用这台望远镜开始了对星云的研究。

哈勃拍摄了一批旋涡星云的照片，辨认出这些星云中有许多造父变星。根据这些造父变星的光变周期，便可以测出它们的距离来。结果发现，这些星云不可能处在银河系之内。

1925年，在美国天文学会的年会上，哈勃的文章公之于众。根据在仙女座大星云M31和三角座星云M33中的造父变星，得出这两个星系的距离大约都是90万光年。哈勃本人没有到会，论文是请人代读的。文章一经宣读，整个美国天文学界立即明白，有关星云的大辩论已告结束。

哈勃正在进行天文观测，他手持烟斗的
"范儿"在近代的天文观测室内是绝对
不允许的

有趣的是，哈勃用于测定距离的造父变星的周光关系[*]，是由沙普利于1919年确定的。年会上，沙普利和柯蒂斯都在场。

类星体的距离

在类星体发现之前，测定河外星系的距离是一件很容易的事情，因为有一条重要的定律已经被证实，这就是哈勃定律。哈勃定律通常的表述方式为

$$V_r = H_0 D$$

V_r 是一个星系在视线方向远离观测者的速度，H_0 是哈勃常数，D 便是星系到观测者的距离。

对于类星体来说，最好是用红移 Z 代表视向速度。如果认为类星体的红移和星系一样，也是由于多普勒效应引起的，则可以表示为

$$V_r = cZ$$

其中 c 是光速，由此得出

$$cZ = H_0 D$$

测出了类星体的红移 Z，便可以由上式得出其距离 D。不过，该公式对于大红移的类星体并不完全适用，需要做相对论修正。不仅如此，还要考虑所选取的宇宙模型的影响。我们在后文中，会对这些问题做更深入的讨论。

---

[*] 有一些变星，它们的光变周期和其自身光度之间有相关性，称为周光关系。测出光变周期，就可以定出光度。这类变星中最典型的就是造父变星。

寻找最遥远的类星体

宇宙有多大

世世代代，美丽的星空总是那样引人入胜。不论是谁，在仰望满天繁星的时候，都会情不自禁地浮想联翩：一颗颗高挂在天空中的明星，悠然自得地在那里一闪一闪，好像是在向人间亲切地招手，又像是在嘲笑人类知识的浅薄。

面对神秘的宇宙，需要思考的问题太多太多。其中有一个永恒的问题——宇宙到底有多大？为了回答这个问题，许多天文学家用尽了自己毕生的精力，也仅仅触及了问题的一点儿皮毛。但他们从不气馁，一代一代地接力下去，就像愚公移山一样。

在人类文明历史的长河中，中国人在很多领域起步很早。古代中国有三种比较系统的宇宙学说。《晋书·天文志》中就写道："古言天者有三家，一曰盖天，二曰宣夜，三曰浑天。"盖天说主张"天圆如张盖，地方如棋局"，即所谓"天圆地方"也。浑天说视"天体圆如弹丸，地如鸡子中黄"。这两种学说已多有介绍，这里不再赘述。宣夜说被介绍得最少，却最接近现代宇宙学说。宣夜学说认为，"天了无质，仰而瞻之，高远无极，眼瞀精绝，故苍苍然也……日月众星，自然浮生虚空之中，其行其止皆须气焉"。其意是说，天是没有形质的，不存在固定的天穹，众星体都飘浮在无限的气体之中。因此，宣夜说是一种朴素的无限宇宙论的观点。遗憾的是，由于长期受到封建社会的束缚，中国人的先进科学理念无法得到进一步的发展。加之，长期以来大家都停留在无休止的争论和空谈上，没有人去实践，更谈不上去探测宇宙的大小了。

在西方，宇宙学说起始于古希腊。当时的希腊也是百家争鸣、众说纷纭，与我国相比，看不出有多少先进之处。研究中国科学史的英国当代专家李约瑟在其《中国科学技术史》一书中对宣夜说有高度的评价。他认为，"这种宇宙观的开明进步，同希腊的任何说法相比，的确毫不逊色"。然而，中国的宇宙学止步不前，西方的宇宙学却在慢慢地进步着。

地心说统治了长达1500年之久，日心说被确认之后，又过去了几百年，人类的思维空间都局限在太阳系之内，无暇关心宇宙的大小。第一个真正走出太阳系的是观测大师威廉·赫歇尔。赫歇尔毕生致力于天文观测工作。他为了绘出

观测大师威廉·赫歇尔（1738—1822）毕生从事天文观测，不仅计数恒星，还是天王星的发现者和红外天文的创始人

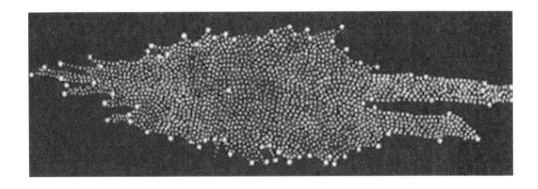

银河系的模型，一个个地去计数天空中的星星，估计出它们的亮度，测出它们的位置。他计数的恒星数目达到117 600颗。后来他的儿子约翰·赫歇尔将观测扩展到南天，又增加了70 000颗。以庞大的数据为基础，威廉·赫歇尔绘制了一幅银河系的模型图。赫歇尔很有自信，认为他的银河系模型应该万无一失。他把太阳放在了银河系的中心，整个银河系看上去像一个扁平的铁饼，在一端还有一个分叉。但事实上的银河系结构与威廉·赫歇尔的模型不同，原因是赫歇尔仍然是一位"银河系之蛙"，他把银河系当成了整个宇宙。

威廉·赫歇尔的银河系模型，中心亮点是太阳的位置

让人类走出银河系的功臣是哈勃。哈勃在发现哈勃定律之前，首先发现了仙女座大星云（M31）是银河系之外的另一个星系世界。从此，人类才真正走进了宇宙世界。哈勃之后，回答宇宙到底有多大才有了实际的意义。

从哈勃常数到类星体

哈勃定律被证实以后，天文学家们测定宇宙大小便依赖于哈勃常数。哈勃常数的倒数被认为是宇宙的年龄，宇宙的年龄乘以宇宙的膨胀速度便得出宇宙的大小。这样的推理在天文学家看来是完全正确的，但对于天文爱好者来说往往难以理解。他们总希望看到一个个具体的天体，并测出它们的距离。就像在大海中的迷航之舟，完全不知道彼岸有多远，但只要能看到航标灯，心中就算有数了。

第一颗类星体被发现之后，天文学家们曾为之惊愕，原因是它的红移值太大了——3C 273的红移值Z = 0.158。在当时，所有已知河外星系的红移值没有一个是超过0.1的。更何况，3C 273看上去仅仅是一颗只有13等的普通恒星。类星体被发现之后，世界上所有的大望远镜都指向了类星体，类星体的发现数目和红移值的大小都随之节节攀升。类星体变成了探测宇宙的制高点。

类星体被视为宇宙中最遥远的天体，红移值是其距离的量度。因此，谁能发现最大红移的类星体，谁就看到了宇宙的最边缘。

20世纪80年代，类星体的观测热潮达到了高峰，突出的表现是英国人和美国人争雄。大家知道，第二次世界大战之后的英国早已没有和美国叫板的资本，唯有天文学还可以炫耀一把。类星体发现之后，寻找类星体的速度一直很慢，每年发现的类星体数目不足百颗。70年代末，英国人马尔科姆·史密斯率先开拓出用无缝光谱寻找类星体的方法，使发现的类星体数目得以成倍地增加。一时间，我访问的英国爱丁堡皇家天文台成了国际上最活跃的类星体研究中心之一。来访的各国类星体专家络绎不绝。日本人专门派人来这里学习寻找类星体的技术。他们在木曾天文台有一台口径很大的施密特望远镜，上面也安装了物端棱镜，可就是找不到类星体。

就在这段时间，我的追逐类星体之梦逐步成真。美国破天荒地给了我们使用5米望远镜观测类星体的时间，我相继参加了在印尼召开的亚洲太平洋地区天文学大会、在希腊召开的国际天文学联合会大会，并应邀在会上做了报告。去美国访问时，我做了寻找类星体的报告，听者均表示对报告很感兴趣。日本人发现的第一颗类星体也是我在爱丁堡期间送给他们的礼物。期间，我居然"发现"了一颗红移大约是4的类星体，一时间颇为兴奋，并同拉塞尔·坎农副台长讨论。结果是错把丫鬟当新娘，谱线证认出了错误。

真正出彩的英国人是当时在英澳天文台做博士后工作的一位女天文学家，叫安·萨维奇。她发现了一颗红移为3.7的类星体，是当时的纪录，被英国的媒体大肆宣传了一把。

如何寻找高红移

找类星体是一回事，找类星体中的高红移者是另一回事。以英国人擅长的无缝光谱方法为例。英国施密特望远镜拍出的物端棱镜光谱，灵敏范围大约是3200～5300 Å，短于3200 Å的谱线属于紫外波段，大都被地球大气吸收了；高于5300 Å的，则超出了所用照相底片的光敏范围。无缝光谱方法使用的几条主要谱线是氢的莱曼 α 线、碳的三次电离和二次电离线，以及镁的一次电离线。这些谱线由于红移效应会移入到可观测的光谱区。根据红移公式

$$Z = \frac{\lambda - \lambda_0}{\lambda_0}$$

代入 λ = 5300 Å，λ_0 = 1216 Å，则求出 Z = 3.4。换句话说，如果类星体的

红移值超过3.4，则Lyα线也将移出观测波段区域，不可能再用这种方法去发现了。

寻找高红移的类星体的主要途径是运用多色方法，也叫色指数方法。我在前文中提到过这种方法，但没有做详细介绍。类星体的光谱是在连续光谱的背景上叠加上一条条的发射线。其连续光谱和普通天体光谱的最大区别是它的谱型呈现为有一定斜率的直线，叫作幂率谱。幂率谱的特征反映的是短波波段的辐射比较强，颜色更偏蓝，甚至延伸到紫外波段，被称之为"紫外超"。多色方法就是基于类星体的这一特征建立的。把连续光谱划分成几个波段，每一段代表一个颜色。最简单的划分是划分成三种颜色U、B、V。U代表紫色，B代表蓝色，V代表可见光，即黄色。通常是将每一种颜色用星等表示。大多数类星体满足下面的判据

$$U星等 - B星等 < 0.4$$

这样，只要把星体中满足这一条件的筛选出来，就可以把它们作为类星体的候选体，然后再用大望远镜观测加以确认，这就是寻找类星体的多色方法。

寻找高红移的类星体，还必须将多色方法加以改进。类星体原本的颜色是蓝色多、红色少，因此被视为蓝星体，甚至紫外超星体。但是，对于高红移类星体来说，由于整个光谱都向红端移动很多，观测者看到的往往是红色的星体了。前面提到的萨维奇发现的高红移类星体，开始时她没有想到是类星体，因为颜色发红，但又和普通的星体不一样。那天天气不好，只有这个天区勉强可以看到，她抱着试试看的态度进行观测，结果打破了纪录。天文学家基于这种思路，将原有的三种颜色U、B、V拓展为五种颜色U、B、V、R、I。新扩展的两种颜色自然都在长波段，R代表红色，I代表红外。用新的五种颜色，便可以向高红移类星体

冲击了。

初选的原则其实并不复杂，用这五种颜色或者每两种颜色的差值，将每一颗星都点在图上，便会发现，高红移类星体所处的区域和一般星体，包括低红移类星体不一样，它们孤零零地不和大家扎堆。这些不扎堆的另类者便是高红移类星体的候选体。

最早启用多色方法筛选高红移类星体的是剑桥大学天文研究所的几位天文学家。他们设计了一台底片自动测量仪（Automatic Plate Machine，简称APM），最初的目的是快速测量来自澳大利亚的施密特望远镜的大批底片。这台仪器建成后发挥了很好的作用。一方面，提高了无缝光谱方法寻找类星体的效率，将我改进的无缝光谱方法加以机械化和自动化；另一方面，可以用多色方法寻找高红移类星体。类星体的红移越高，数目越少，找起来如同大海中捞针一样。APM的自动化和高效率发挥了作用，批量地查找几百平方度的天区，终于发现了几颗$Z > 4$的类星体。一时间，英国人不仅在发现类星体的数目上领先，还在高红移类星体的纪录上领先。这是20世纪80年代的事。

美国人的追赶

美国人往往是用财力去比拼人家的智慧。英国人在类星体研究领域里领跑时，美国人也不甘落后。加州理工学院的天文系在美国大学天文学科排名中，常常排在第一位。原因之一是帕洛马山的5米望远镜隶属于他们，就是在这台望远镜上发现了类星体。现在，他们落后了，能不能再用这台望远镜追赶上去？

不久，5米望远镜加了一台新的测光仪器，取名"四架快车"（Four Shuttles）。它把四架照相机捆绑在一起作为望远镜的测光终端，每架照相机上加一块滤光片，一次拍照便可得到四种颜色，充分发挥了5米望远镜的效率。这台仪器的设计者叫詹姆斯·冈恩。冈恩是一位著名的理论天文学家，在类星体方面做了许多出色的工作，想不到仪器设计方面他也是内行。后来，冈恩离开加州理工学院去了普林斯顿大学，目前是斯隆数字化巡天（Sloan Digital Sky Survey，简称SDSS）项目的科学负责人。用"四架快车"可以拍出更暗的星体，它们集中在一些小天区内，用多色方法逐一筛选，从中选出高红移类星体的候选体。候选体的分光证认工作，即拍摄光谱，仍然是用5米望远镜。新投入的分光仪器叫作双光束光谱仪，可以让一部分星光进入蓝色光谱仪，一部分星光进入红色光谱仪，合起来便得到一条完整的星光光谱。

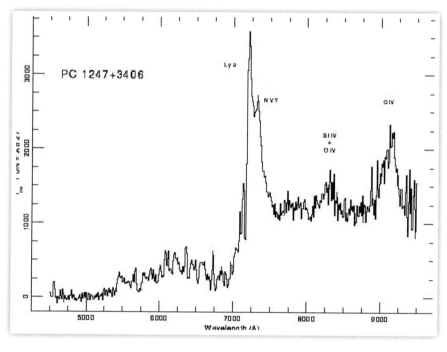

加州理工学院天文学家在5米望远镜上发现的类星体PC 1247 + 3406，红移 Z = 4.91

美国人的努力创造出了成果。由类星体的发现者马尔滕·施密特领衔，主要参加者叫唐·施奈德。短短几年中，几个团体连续发现了几颗红移在4以上的类星体，最大红移达到4.91，开始向5冲击。高红移类星体的竞争天平终于向美国倾斜，这是20世纪90年代的事。

在美国，除了加州理工学院参与竞争，另一个有竞争能力的天文台便是基特峰国家天文台。基特峰国家天文台是美国本土综合实力最雄厚的天文台，是国家光学天文台的主要组成部分。台长理查德·格林当年是施密特的学生，现在已是国际知名的类星体专家。他们几经努力，终于突破了红移值5的大关，发现了一颗 $Z = 5.50$ 的类星体。下图就是他们的成果，横坐标是地球上的静止波长，纵坐标是谱线的相对强度。几条主要谱线仍然是 Lyα 1216 Å 和 C IV 1549 Å。此外还有一些较弱的发射线。这项工作完成于2000年。换句话说，截止到20世纪末，人类看到的最遥远的宇宙便是这颗类星体。

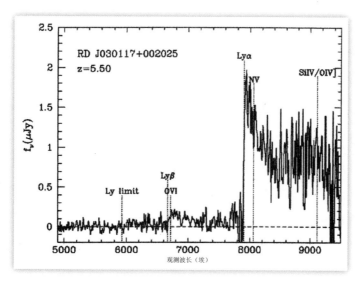

2000年基特峰国家天文台发现的最大红移类星体，由于类星体太暗，光谱的信噪比并不好

中国学者暂时领跑

20世纪80年代初，英国皇家天文学家马尔科姆·朗盖尔应邀访华，大部分时间都由我陪同。他在系列演讲中谈到了宇宙的演化过程，认为宇宙中最早形成天体，应该在红移等于5的年代。也就是说，类星体的最大红移不应该超过5。而当时的红移记录还没有达到4。

5被突破以后，再往上攀登便更加困难了。下一个目标自然是 $Z = 6$。对于这样高红移的类星体，它的最短波长谱线Lyα（1216 Å）也将出现在

$$\lambda = (1 + Z) \cdot \lambda_0 = 8512 \text{ Å}$$

的位置上。这用一般的光学探测器已经很难看到，更不用说其他的谱线。显然，要想实施新的攀登，必须彻底改造目前的测光系统。美国的SDSS把这一任务列为它的主攻方向之一。SDSS使用的望远镜口径虽然只有2.5米，但由于光学系统和探测器优良，再加上台址选在海拔3000米以上的萨克拉门托山脉，因此观测能力十分强大。为了扩展波段，他们将传统的五个波段U、B、V、R、I改为新的五个波段U、G、R、I、Z，最长波段Z = 9134 Å，保证不会遗漏Lyα线。

大海中捞针需要有大海。为了找到如此高红移的类星体。SDSS首次巡天1550平方度的天区，对1.5×10^7颗星体进行了测光。在测光过程中，探测器经常被宇宙线粒子撞击，单是宇宙线的撞击次数就达到了6.5×10^6次。如此浩大的工程，总共才找到了四颗高红移的类星体。而红移值超过6的只有一颗：SDSS 1030 + 0524，$Z = 6.28$。其余三颗的红移值在5.80到5.99之间。

一旦实现了突破，必然想到进取。SDSS的二期工程又巡天了1320平方度的天区，专攻红移值大于6的类星体。结果，共发现了三颗，分

别是

$$SDSS\ 1630 + 4012，Z = 6.05$$

$$SDSS\ 1048 + 4637，Z = 6.23$$

$$SDSS\ 1148 + 5251，Z = 6.43$$

下图是这三颗类星体的光谱证认图。不难发现，虽然箭头指出了类星体所在的位置，却几乎用肉眼看不到东西，因为它们和天光的亮度相差甚微。

　　由于是世界纪录，又动用了夏威夷的凯克 II 10 米望远镜对 SDSS 1148 + 5251 重新观测。下页图是它的光谱图，尽管露光达三个小时，其信噪比仍不理想。不过，请一定记住，这是 21 世纪初世界上最大的光学望远

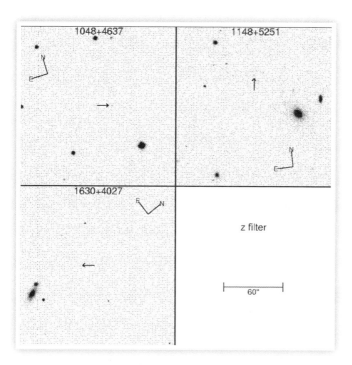

三颗高红移类星体的 Z 波段光学证认图。每个图中都标出了天空的东 (E)、北(N) 方位，箭头所指即类星体。右下角给出了底片比例尺的大小

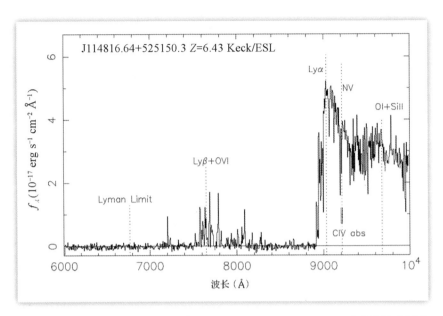

凯克 II 望远镜用阶梯光栅摄谱仪（Echelle Spectrograph Imager）拍摄的类星体 SDSS 1148+5251的光谱，由于当时的天气条件并不理想，露光时间长达3个小时

镜拍摄下来的红移世界纪录。

中国改革开放以后，大批中国人走出国门，许多早期的留学生开始展现才能。寻找高红移类星体的SDSS项目负责人便是年轻的中国学者范晓辉。在引人瞩目的高红移类星体论文中，你会看到第一作者都是范晓辉，后面署名的洋人有几十位。不久之后，高红移纪录再次被打破。

再创新高

科学技术的发展直接依赖于两个动力：人才和资金。世界各国的决策者对这一点都是清楚的，但欠发达国家力不从心，发达国家也经常受到诸多干扰。唯独美国在这两方面都得天独厚。据我观察，美国的人才，尤其是杰出人才，一半以上都不是自己培养的。人才培养很突出的英国，许多人大学毕业以后，都到美国去就业。在美国的大学和科研机构，到处都能见到中国人和印度人。中国学生是改革开放以后才开始涌入美国的。20世纪80年代，李政道先生发起了卡斯比亚（CUSPEA）计划，每年从中国选拔一批学生去美国就读研究生。当年，人们对李政道先生的计划有过一些异议，认为中国的优秀年轻人都被吸纳到美国去了。三十多年过去了，现在有众多的"海归"回来了，对我国的科技发展的确有很大的促进作用。

今日的科学已经完全国际化，各国间相互竞争，任何一个国家都不可能在某个科学分支上永远地一枝独秀。有了足够的人力和物力支持，科研的领军人物就成了关键。历史上，英国人在天文研究领域里总不乏这样的领军人物。在英国，有两位皇家天文学家，一位是格林尼治皇家天文台的台长，一位是爱丁堡皇家天文台的台长；还有一位领军人物是英国剑桥大学天文研究所的所长。由于传统，天文研究所的所长不能冠以皇家称号，但绝对是世界上的顶级天文学家。引导发现类星体的射电源星表就是该研究所最早公布的。

20世纪80年代以后，英国人在天文学领域的优势，就像英国国力一样逐渐衰弱，很不情愿地被美国人赶超。但是，英国天文学家在这些领军人物的带领下，一直在努力。

2011年，最高红移类星体的纪录再次被刷新。这颗类星体叫作ULAS J1120+0641，其红移值$Z=7.085$。在我得知这一消息时，

ULAS J1120+0641的光学像，在图片中呈现暗红色

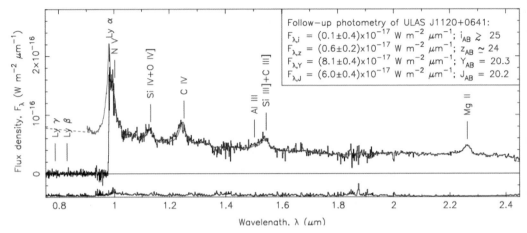

最大红移类星体ULAS J1120+0641的光谱

想当然地认为新的世界纪录来自美国。细查之下才发现这一成果的论文作者，前几位大都来自英国的大学和科研机构。英国人的默默努力终于结出硕果。

回顾过去的几十年，类星体红移值的最高纪录差不多是每十年增加1。

20 世纪	70 年代 3.7
	80 年代 4.8
	90 年代 5.5
21 世纪	00 年代 6.4
	10 年代 7.0

类星体一直被认为是宇宙中最遥远的天体，但近年来这一观点受到了挑战。首先是发现了许多高红移值的星系。后来，又发现 γ 射线暴，其最大红移值超过了8。不过星系和 γ 射线暴的红移值在测定精度上有许多不确定因素。

画鬼并不容易——类星体的观测特征

画鬼并不容易

古人曰：画鬼容易画人难。原因是画鬼可以随心所欲，不受限制。我们的类星体很特别，本来是"鬼"，却非常像"人"。哪怕是拍一张高质量的天文图片，类星体的样子也和普通恒星完全一样，看不出有任何区别。第一位揭开"鬼"的面纱的是加拿大著名天文学家约翰·欧克教授。

前文曾提到，类星体的最早发现者是杰西·格林斯坦和欧克。他们早在1960年，也就是类星体正式被发现的三年前就拍下了类星体的光谱。但是，由于类星体在外观上和恒星没有任何区别，人们怎么也想不到它会是星系一类的天体。

类星体被发现之后，人们自然会想到，既然它是河外天体，而且那么亮，就应该和河外星系一样有一定的结构。天文学家们动用了世界上最大的望远镜，去拍摄类星体的像。令人失望的是，无论露光时间多么长，拍下来的总是一个点状的像。因此，类星体本身有没有结构，结构是什么样的，成了天文学家们十分感兴趣的研究课题。这类课题只有世

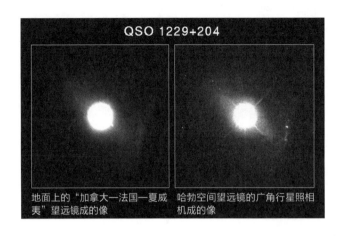

QSO 1229+204

地面上的"加拿大一法国一夏威夷"望远镜成的像　　哈勃空间望远镜的广角行星照相机成的像

类星体QSO 1229+204在地面上的照片只能看到一个点状的像（左），但在哈勃空间望远镜上却显示出有一定的结构（右）

界上的顶级望远镜才能涉足。欧克教授工作在美国帕洛马山天文台，那里有当时世界上最大的5米望远镜，具备了必要的条件。20世纪80年代，也许是由于一时大意失去了发现类星体殊荣的遗憾，欧克开始了新的努力。

当时，已经拍到了类星体的周围有一些模模糊糊的东西。但是，无法肯定这些东西是否和类星体有物理联系，说不定是碰巧重叠在一起，因为天上的各种天体实在太多了。欧克的研究方法是拍摄它们的光谱。他寻找一些带结构的亮类星体，拍下类星体周围的结构的光谱。困难在于周围的结构十分暗弱，光谱极难拍到。另外，如果和类星体一起拍摄，前者必然曝光过度。因此，具体做法是非常小心地仅仅把类星体本身挡住，只露出其周围的结构。如果结构物和类星体的光谱一致，也就是它们的红移大小一样，则它们必然是属于同一个天体。欧克的工作成功了，并在那一年被评为世界重大科技新闻之一。在欧克的研究工作之后，天文学家们惊奇地发现，大部分亮类星体都是有结构的。上图便是QSO 1229+204的光学像，虽然在地面上用"加拿大-法国-夏威夷"望远镜拍不到任何结构，但用哈勃空间望远镜拍摄便显示得十分清楚。由此可以推断，不仅是亮类星体，全部类星体都应该有一定的结构，绝不是一眼看上去会被忽视的一个亮点。

提到欧克教授，我总是充满着十分怀念的心情。我的天文生涯能够上一个台阶，能使用5米望远镜进行观测是很关键的。我第一次申请到5米望远镜，实际上是用了欧克的时间，我只是一个合作者。欧克给人的感觉是谦和且敬业，他让我住在他的家里，在业务上和生活上对我都十分关心。当时欧克已经是60多岁的人了，在山上通宵观测几个晚上，下山后不休息立即就到实验室去工作。欧克的夫人在小学做教师，小学生以为她的丈夫是黑人，因为她对黑人孩子们太好了。他们夫妇都信基督教，天天晚饭前都要祈祷，将自己的报纸和旧衣物全部捐给教会，去帮助穷人。夫人对丈夫的事业全力支持，为了不影响丈

与欧克夫妇到加州欧文斯谷（Owens Valley）旅游，这是我为他们拍的照片，欧克手里拿的是山上的积雪

夫的工作，她居然没有丈夫在山上的电话号码，每次都是丈夫主动给她打电话。欧克曾来华讲学和访问，不仅认真讲课，还对天文台的建设提了许多宝贵的意见。欧克是加拿大人，虽然持有加拿大的护照，但一直在加州理工学院天文系工作，70岁以后才转到加拿大多米宁天体物理台工作，不幸于2004年去世。

究竟有多亮

类星体是河外天体，这是因为所有的类星体有一个共同的特征——它们的红移都很大。红移和距离有一个很简单的关系，即用红移表示的哈勃公式

$$cZ = H_0 D$$

类星体的红移Z通过拍摄光谱可以直接测出，于是就可以得出类星体的距离。不过，对于类星体来说，情况有些复杂，由于类星体的红移太大，这样的简单公式便不再适用。首先视向速度V_r不能超过光速，根据相对论，修正过的公式可以写成

$$1 + Z = \sqrt{\frac{c + V_r}{c - V_r}}$$

这样得出的V_r值不会再超过光速：

$$V_r = c\frac{Z^2 + 2Z}{Z^2 + 2Z + 2}$$

但是，对于大红移的类星体这样得出的视向速度仍然不能直接去计算距离。当红移值Z超过1时，还需要考虑时空的膨胀和弯曲，需要用更普适的距离公式——马丁公式去计算。马丁公式已经超出了一般科普的范围，这里不再详叙。

总之，由类星体的红移Z可以计算出类星体的确切距离。有了距离，再测量出类星体的视星等m，便不难计算出类星体的绝对星等M。由星等的定义得出的公式为

$$M = m + 5 - 5\lg D$$

所谓绝对星等，代表的是一个天体的发光程度，也就是天体的光度。天体的绝对星等的数值越小（可以为负值），表示天体的光度越大，也就是越亮。类星体的光度有一个规定，只有亮到一定的程度，才能叫作类星体。目前，普遍定义它的M值必须小于-23等，即M < -23。

现在，我们来看一看最暗的类星体，即M < -23，究竟有多亮？不妨用太阳的光度和星等为单位来进行对比，太阳的绝对星等$M_\odot$ = 4.75。有一个简单的公式来对比两个天体的亮度，如果用L_*和M_*分别表示类星体的光度和绝对星等，则它和太阳之比为

$$\lg(L_*/L_\odot) = -0.4(M_* - M_\odot)$$

将M_* = -23和$M_\odot$ = 4.75代进去，很容易估算出

$$L_* = 10^{11}L_\odot$$

可见，只要称得上是类星体，哪怕是最暗的，也能发出10^{11}个太阳的光芒！

究竟有多大

一颗类星体至少要发出1000亿个太阳的能量，其规模和我们的银河系相当。更亮的类星体，甚至能发出成百上千个星系的能量。发射出如此巨大的能量，它应该有多大呢？测量一个天体的大小，也就是它的直径，并不是很容易的。对于一般的天体，是测出它的角直径，

再测出它的距离，两者相乘便得出它的实际直径。类星体都是一个个的星点，根本无法测量角直径。不过，天文学家想出了一个十分简单的方法，可以判断出类星体的大小，这就是根据它的光变来估计。一个天体有光变，它的光变周期不应该短于光穿过这个星体的时间，否则，这个周期便被湮灭掉。若天体的光变周期为t，直径为d，则应该

$$t \geqslant \frac{d}{c}$$

其中$\frac{d}{c}$就是光穿过这个星体的时间。因此，我们只要测出类星体的光变周期，便很容易估算出它的大小d。

$$d \leqslant ct$$

观测发现，大部分的类星体都有光变。究竟有多大比例，目前尚无定论，因为类星体的数目太多了，无法一个一个地去检测，但至少在一半以上。类星体的光变有一个共同的特点，它们的光变周期不规则。另外，光变周期的大小也很不一致，少则几个月，多则几年。因此，准确测量类星体的光变是一个很费力的研究课题。目前的结论是，大部分类星体的光变周期t是几年到十几年。根据上面的公式，类星体的直径便应该是几个光年到十几个光年。对比一下，我们银河系的直径大约是十万光年。一个大小只有几光年的天体，却能发出比它大一万倍以上的天体能量，的确有些不可思议。这些问题留待以后再讨论。

强大的喷流

从光学像看上去和普通的恒星没有什么区别的类星体，实际上却是一种最张牙舞爪的天体。天体的确是可以喷射出"火焰"来的。早在1918年，天文学家就发现星系M87具有光学喷流。当时认为，这是

极个别的现象，可是20世纪50年代以后，随着射电天文学的兴起，发现了很多具有喷流的天体。特别是1980年，美国国家射电天文台的甚大阵（Very Large Array，缩写为VLA）投入观测之后，发现的类星体和其他各种活动星系核的射电喷流越来越多。

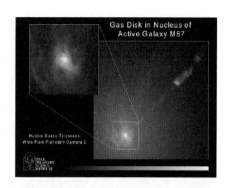

室女座星系团中M87的光学喷流。这是用空间望远镜拍出的喷流，它的核心区域

最早发现的射电喷流来自天鹅座A，早在1954年就被发现。通过5米望远镜对其光学对应体进行观测，发现是一个撕裂的星系。巨大的射电喷流形成两个旁瓣，一个瓣的大小就有5.5万光年，相当于半个银河系。而两个瓣之间的距离更达到3亿光年。喷流含有巨大的能量并不停向外喷射出来，其规模相当于1000万个超新星同时爆发。可以想象，这是怎样的一幅壮观景象啊！

下页左侧上方是3C 219的射电观测图，这是由美国的甚大阵在20厘米波长上通过长时间观测，累积扫描下来的真实图像。白色部分表示出的是核心部分和高温区。

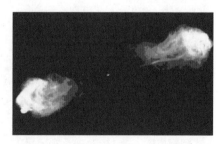

天鹅座A的射电喷流图，这是根据真实射电温度图绘制的，并非想象图

现在，通过一幅真实的光学图像来看一看我们的"鬼"究竟是一个什么样子。下页左下图是空间望远镜拍摄的NGC 1068，属于一类叫作赛弗特星系的活动星

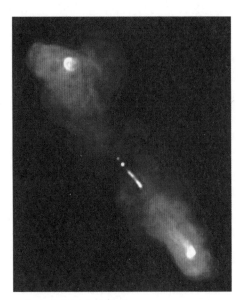

一幅真实的射电喷流图

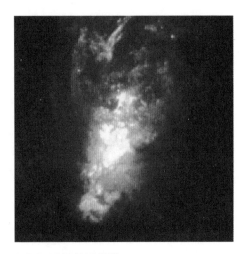

NGC 1068的光学像

系，和类星体的特性十分相似，有时可以划归为类星体的一种。这是用哈勃空间望远镜拍摄下来的。中间有一个明显的活动核，周围的结构"乱七八糟"，既没有旋涡结构，也没有盘状结构。鬼者，各不相同，一鬼一样，天文学家们只好耐下心来仔细地去研究。

一张并不确切的"画像"

类星体被发现至今，天文学家动用了世界上所有的大型望远镜对它进行观测，半个世纪过去了，却始终看不到它的真实面目。天文学家需要给出一张类星体的结构图，没有办法，只好先用已有的观测数据加以想象，画出一个类星体的像。古人经常给鬼画像，其根据是鬼的性格和职能。类星体的"鬼像"画了很多，有一张是由两位美国天文学家梅格·厄里和保罗·帕多瓦尼画的，得到了广泛认可。这张"画像"作于1995年，到现在已经过去了20年，还没有看到更新版。我们只能继续用这张"陈旧的画像"说事了。

厄里和帕多瓦尼给出的"画像"被称为类星体的统一模型图，模型图绘出了类星体的整体结构。类星体的核心是一个黑洞，黑洞是类星体的心脏，所有类星体的中心都必须有一个黑洞。黑洞是类星体的"发电机"，类星体发出的全部辐射能量，都是由这个中心发电机提供的。

黑洞外面是一个小小的吸积盘。吸积盘像一个磨盘，围绕中心黑洞旋转。之所以叫吸积盘，是因为黑洞把周围的物质

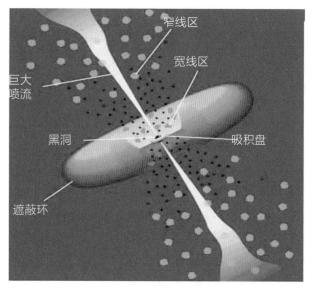

类星体的统一模型图

吸引过来，先储存在这里，成为"粮仓"，随后再不断地从这里"取食"。

吸积盘的再外面，是一个巨大的环状体，像一条轮胎环绕在那里，叫作遮蔽环，遮蔽环内充满着气体和尘埃。如果从侧面去观测类星体，遮蔽环的作用就会显现出来，它会遮挡和吸纳一部分光，使类星体发出的辐射变形，形成宽的吸收线。而宽的吸收线也证明了遮蔽环的确存在。

类星体的光谱线分为宽线和窄线。这两种谱线来自类星体的不同区域，宽线区靠近中心部分，窄线区分布在外面。

令人瞩目的类星体的巨大喷流是从中心黑洞发出的，喷流的方向性非常强，它一定是对称的，和吸积盘垂直地向两侧喷发。喷流的速度有多快，究竟能喷射多远，都是天文学家感兴趣的研究内容。

X 射线的重要性

伦琴射线

在科学发展史上，上一个世纪应该是物理学的世纪。尽管各个学科领域在过去的100年中都有长足的发展，但物理学从宏观世界走入了微观世界，使人类真正了解了什么是物质，什么是物理，从而为其他学科的建立奠定了基础。

为20世纪微观物理学打头阵的是发生在19世纪末的三道"闪光"。它们分别是1895年威廉·伦琴发现的X射线，1896年亨利·贝克勒尔发现的天然放射性和1897年约瑟夫·汤姆孙发现的电子。这三项发现都获得了诺贝尔物理学奖，伦琴更是诺贝尔物理学奖的第一位得主，时间刚好是上个世纪的第一年——1901年。

1845年3月27日，伦琴生于普鲁士莱茵河流域靠近荷兰边界的一个小镇伦讷普。由于在物理实验方面的一系列优秀表现，伦琴于1894年荣任维尔茨堡大学校长。校长的工作并没有停止伦琴的科学实验，他仍然夜以继日地在实验室里从事有关阴极射线的研究。一天，伦琴惊奇地发现，从一种改进的阴极射线管里发出的光，居然能照亮一米以外的荧光屏。不仅如此，伦琴无意间放在射线管附近的照相机底片，尽管被黑纸包裹得严严实实，居然曝光了。显然，有一种神秘的光穿透了进去。正在他百思不得其解的时候，奇迹出现了：当他去检查荧光屏时，他自己的手骨的影子显示在了荧光屏上。这时，他的手处在射线管和荧光屏之间。伦琴终于明白，从阴极射线管里射出了一种新的光线，这种光线具有很强的穿透力，甚至可以穿透人的肌肉，使骨骼留下一些阴影。他意识到新的光线可能具有重要的潜在价值，为了鼓舞更多的人去进一步研究，他把这种光线取名为"X射线"。不过，后人也经常将这种射线称为"伦琴射线"。

1895年12月28日，维尔茨堡物理和医学学会收到了伦琴发现X射线的论文，包括用X射线拍摄的手骨照片。就在伦琴发现X射线的第四天，一位美国医生就用X射线检查出了一位伤兵脚上残留的子弹。

1901年，伦琴成为历史上第一位诺贝尔物理学奖的得主。法国物理学家贝克勒尔在听到X射线的发现后备受鼓舞，开始进行放射线物质的研究，很快就发现了放射线，因而和居里夫妇一道获得了1903年度的诺贝尔物理学奖。直接受益于X射线的还有汤姆孙，他用X射线发现了电子。这是人类找到的第一个基本粒子，他因此获得1906年的诺贝尔物理学奖。

就这样，X射线在诺贝尔物理学奖中"梅开三度"。在X射线的众多研究领域里，天文学也不甘示弱，后来居上。

V-2 火箭启动了 X 射线天文学

战争促进科学发展的事例屡见不鲜。二战中的德国一心想制造出最恐怖的杀人武器，但由于时间紧迫，大都没能实现。火箭则是例外，由德国火箭专家韦恩赫尔·冯·布劳恩领导的研究小组不仅将其研制成功，而且用于了战争。他们的火箭用"V"命名，"V"来源于德文"Vergeltung"，意思是"报复"。其中的V-2型火箭，战争结束前已经生产了一万多枚，5000多枚投入了战场。

V-2火箭长达13.5米，发射时重量13吨，射程300多千米，可搭载1吨的弹头。火箭发射时先垂直上升，达到一定的高度后，再由地面无线电系统控制，令其偏斜，击中目标。由于制导系统精度有限，对准目标的准确度不是很高，不过在当时，这已经是超先进的武器。美国的德怀特·艾森豪威尔将军曾说过，由于德国已面临崩溃，来不及大规模使用V-2，否则盟军会遇到难以克服的困难。

准备升空进行天文观测的V-2火箭

1945年德国投降前夕，冯·布劳恩和他手下的大批火箭专家向美国投降，并被押解到美国，成为了美国火箭技术的奠基者。苏联也俘虏了一批火箭专家，收缴了大量的V-2火箭成品，启动了自己的火箭工业。

一年以后的1946年，美国使用V-2火箭开始了天文观测，拍摄了太阳的第一张紫外光照片。到了1948年，他们又拍到了太阳的第一张X光照片，从此开创了天文学的一个新领域——X射线天文学。

从火箭上天到卫星遨游

太阳的X射线辐射虽然是最早发现的，但在X射线天文学中并不是最重要的。自从发现了太阳的X射线以后，天文学家开始关注其他天体会不会也发射X射线。由于地球大气会吸收X射线，探测天体的X射线只能在高空中进行。当时的探测器都装载在火箭上，火箭在高空的停留时间有限，最多几分钟。1962年6月18日，美国在新墨西哥州的白沙导弹靶场发射了一枚火箭，尝试搜寻太阳以外的来自宇宙中的X射线。为了获得发射这枚火箭的拨款，天文学家不得不瞒天过海，声称是对月球进行观测。月球怎么会发射X射线呢？没想到在火箭飞行的最后几分钟，果然在月球的旁边发现了一个很强的X射线源。分析表明，这个X射线源来自银河系中心方向。它是由一颗超新星爆发后的遗迹发出的。不久，又发现了河外星系发出的X射线。

火箭观测持续了十几年，天文学家们逐渐意识到了X射线的重要性。为了克服火箭探测的局限性，1970年，第一颗专门观测X射线的天文卫星"乌呼鲁（Uhuru）"上天。它是由美国国家航空航天局（NASA）发射的，发射地点在非洲的肯尼亚。之所以在这里发射，是因为肯尼亚地处赤道，可以充分利用地球的自转速度。这颗卫星虽然体积不大，但设计精巧，在不到四年的时间里，就发现了将近200个X射线天体。"乌呼鲁"的一项重要发现，是找到了黑洞的证据。当黑洞存在于双星系统中时，它会发出很强的X射线。"乌呼鲁"一词来自肯尼亚当地的斯瓦希里语，意思是"自由"。因此，"乌呼鲁"卫星也被称为"自由号"卫星。

"乌呼鲁"卫星的成功激发了探测X射线的热潮。紧随其后发射的

1970年在肯尼亚发射的"乌呼鲁"卫星

是高能天文台1号和高能天文台2号。1978年发射的2号后来被更名为"爱因斯坦天文台"。卫星上的X射线望远镜较前有了很大的改进，提高了观测的灵敏度和分辨本领，使X射线的观测从河内走到了河外。其重要发现之一是类星体和其他的活动星系核具有很强的X射线辐射，从而奠定了活动星系核的X射线研究。

此后，欧洲各国，包括德国、英国、法国和意大利，以及亚洲的日本都相继发射了X射线卫星。下页表中列出了迄今为止发射的主要的X射线卫星。

主要的X射线卫星

名　称	工作能段	参与国家	工作时间
Uhuru	2～20 keV	美国	1970～1973
HERO-1	0.2 keV～10 MeV	美国	1977～1979
HERO-2 (Einstein)	0.2～20 keV	美国	1978～1981
HERO-3	50 keV～10 MeV	美国	1979～1981
Hakucho (Astro-A)	0.1～100 keV	日本	1979～1985
Tenma (Astro-B)	0.1～60 keV	日本	1983～1985
EXOSAT	0.05～50 keV	ESA*	1983～1986
Ginga (Astro-C)	1～500 keV	日本	1987～1991
ROSAT	0.1～2.5 keV, 62～206 eV (EUV)	德国、美国、英国	1990～1999
ASCA (Astro-D)	0.4～10 keV	日本、美国	1993～2001
BeppoSAX	0.1～300 keV	意大利	1996～2002
RXTE	2～250 keV	美国	1995～今
Chandra (AXAF)	0.1～10 keV	美国	1999～今
XMM-Newton	0.1～15 keV	ESA	1999～今
SUZAKU	0.4～10 keV	日本、美国	2005～今

在众多的X射线卫星中，最值得提及的有两颗：ROSAT和Chandra。

ROSAT（Röntgen Satellite，"伦琴"卫星），为了纪念X射线的发现者而命名。由德、美、英三国合作研制，于1990年6月1日升空。该卫星观测设备的最大优点是仪器本身的噪声很低，因此能够观测到很弱的X射线源。观测计划主要有两个部分：巡天观测和定点观测。巡天观测是在软X波段进行的，共进行了六个月，最后获得了一个X射线的全天点源表。该点源表包含的X射线源数目超过150 000个。这是一个价值极高的点源表，它包含了大量的类星体和活动星系核以及超新星遗迹、特殊恒星、中子星、星系团等。定点观测则是根据天文学家的要求，分配观

---

* 即欧洲空间局（European Space Agency），成员国包括德、法、英等十几个欧洲国家。

由德、美、英三国合作发射的ROSAT卫星，在太空中正常工作了八年多

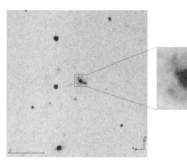

从ROSAT X射线点源中发现的一颗亮类星体IRXSJ 113129.2+124344

测时间，对单个源进行观测。

　　我的一些研究工作和ROSAT有着密切的联系。利用ROSAT获得的X射线点源可以寻找新的类星体，也就是X射线选类星体。ROSAT的总部设在德国的慕尼黑，属于德国马普地外物理研究所（Max-Planck-Institut für Extraterrestrische Physik，简称MPE，中文简称为"地外所"）。由于合作关系，我曾多次访问那里，建立了良好的合作关系。他们甚至提供一些还没有公开释放的资料。左图中就是用新的资料发现的一颗比较亮的类星体。1999年，我访问地外所时，与沃尔夫冈·福格斯研究员共同起草了一份观测时间申请书，申请ROSAT的定点观测。就在我们递交申请书之后不久，福格斯告诉我，ROSAT发生了事故，探测器被阳光烧坏了。原因是ROSAT的指向系统出了故障，探测器错误地指向了太阳方向，太阳光摧毁了过于灵敏的X射线探测器。ROSAT结束了自己的寿命，在宇宙中正常工作了八年多。对我来说，这是一个永远的遗憾。

　　Chandra，即钱德拉X射线天文台，原名为高新X射线天体物理台，后来为纪念美籍印度天文学家、诺贝尔物理学奖获得

钱德拉X射线天文台，背景是我国古代发现的蟹状星云

者苏布拉马尼扬·钱德拉塞卡而改名。该望远镜也是由美国国家航空航天局发射的，被视为20世纪末最先进的X射线探测器，观测的分辨率超过了1角秒，可以同地面设备比美；不仅能够测光，还能拍摄X射线光谱。Chandra不单是提高了观测的灵敏度和分辨率，更主要的是它能拍出天体的一些结构细节，如活动星系核的结构、喷流、星系间的相互作用等。

类星体的X射线辐射

把类星体视为宇宙中最特殊而又最平凡的天体，一点儿也不过分。其特殊之处我们已经谈了很多，其平凡之处在于其他天体具有的，它几乎都具有。类星体的发现源自射电手段，后来发现，射电辐射并不是类星体的特长，甚至大部分类星体的射电辐射是偏弱的。X射线本来是高能天体的专利，却发现大部分类星体都能发出强烈的X射线辐射。许多类星体首先表现为X射线源，进一步光学证认，才确认其为类星体。X射线的光度能占到类星体总光度的5％～40％。

　　类星体的X射线辐射有几个特点。第一，不同类型的类星体X射线的辐射特性不相同。细分起来，各种各样的类星体，射电强的、射电弱的、红移高的、红移低的、吸收线宽的、吸收线窄的……它们的X射线辐射在波段范围和强度上都有不同的表现。第二，X射线光变。类星体本身往往具有光变，而X射线的强度也大都有变化。两者的变化是否相关，目前尚不清楚，原因是X射线强度的变化是随机的，没有周期性。第三，X射线喷流。类星体有射电喷流和光学喷流，同时也有X射线喷流。找寻X射线喷流主要是由Chandra完成的。X射线喷流的结构非常复杂，有时和射电喷流重叠，有时又独立呈现。

　　上述关于类星体X射线的各种现象是如何产生的，其物理本质是什么，都有待进一步研究。

壮观的X射线喷流，它是由最著名的类星体3C 273射出的

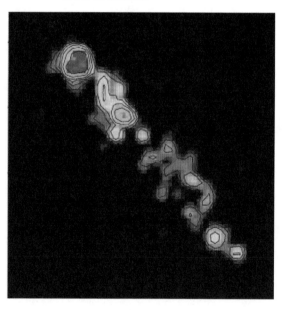

一般来说，类星体和其他的活动星系核发射的X射线，主要是由于非热辐射产生的。其中有两种非热辐射过程起主导作用：逆康普顿散射和轫致辐射。顾名思义，逆康普顿散射是康普顿散射的逆过程。阿瑟·康普顿在1922年～1923年发现X射线被电子散射之后波长会增长。高能的X射线光子与静止的或接近静止的电子相互碰撞，光子会损失一部分能量，把能量转给电子，因而波长变长，这种现象被称为康普顿散射。反之，如果电子的能量传递给光子，则称为逆康普顿散射。逆康普顿散射要求电子处于高能状态，电子和光子相互作用之后，电子的速度降低，将能量转给光子，获得能量的光子波长变短，成为X射线光子。这样的物理条件只能在天体中出现。在类星体周围的大气中，由于温度极高，存在着大量的高能电子，其运动速度达到相对论性速度*。另一种可能产生X射线的过程叫作轫致辐射**。带电粒子相互碰撞时便会产生轫致辐射。在天体的极高温度下，电子与质子碰撞，便会产生大量的X射线。对于类星体来说，这种辐射大都产生在靠近核心的区域。

类星体的各种X射线辐射产生的具体过程，目前仍处于热点研究之中。

---

* 当物体的运动速度很快时，必须考虑相对论效应的影响。这个量级的运动速度叫作相对论性速度。

**轫致辐射一般指一个高能电子和原子核碰撞时产生的辐射。在活动星系核中，这种碰撞会产生大量的 X 射线辐射。

巧夺天工——用天体做一个透镜

又是爱因斯坦

美国的天文学家们提出了一个宏伟的规划，叫作"超越爱因斯坦计划"（Beyond Einstein Program）。阿尔伯特·爱因斯坦是20世纪的人，他的主要成果距今将近一百年，现在还要提超越人家，是否言过其实了呢？实则不然，爱因斯坦在科学上的确是"太有才了"。苏联著名物理学家、诺贝尔奖获得者列夫·朗道，在给世界物理学家排名时，将最高者列为第1等，唯独把爱因斯坦排为第0.5等，让其独占鳌头。爱因斯坦在诸多领域里的想法，或者可以直接拿到诺贝尔奖，或者可以启发别人拿到诺贝尔奖。

爱因斯坦的广义相对论，远远超出了当时科学家们的思维水平。爱因斯坦不仅提出了广义相对论，而且提出了广义相对论的验证方案。他的第一个验证是水星近日点的进动。水星是太阳系中离太阳最近的行星，由于受到的太阳引力很大，它绕太阳运动的轨道居然偏离了艾萨克·牛顿万有引力定律的预测，其轨道的近日点出现了反常的进动，虽然数值很小，每百年才有43角秒，却无法得到解释。在广义相对论正式公布之前，1915年11月18日，爱因斯坦在德国科学院的例会上，发表了《根据广义相对论解释水星近日点的进动》。爱因斯坦对自己的计算结果十分得意，但在局外人看来，也许是爱因斯坦拿别人看不懂的广义相对论在那里故弄玄虚。这点儿小小的误差为什么非用广义相对论解释呢？

真正使大家相信了广义相对论的，是爱因斯坦预言的光线会发生弯曲得到证实。实验方案也是爱因斯坦本人提出的——利用日全食的机会去观测太阳背后的星光偏转。由于第一次世界大战的影响，一直拖到1919年才由英国天文学家阿瑟·爱丁顿亲自率队到非洲进行日全食观测。果然，太阳边缘背后的恒星位置偏移了0.9～1.8角秒。爱丁顿的观测结果一公布，科学界一片哗然，爱因斯坦立即成了世界上最伟大的物理学家，尽管在当时能看懂广义相对论的没有几个人。据说，就在英国皇家天文学会开会宣布这一结果之后，大家仍然议论纷纷。一位物理学家当面对爱丁顿说，您是世界上第三个懂广义相对论的人。言外之意，另外两个人是爱因斯坦和他本人。但爱丁顿却风趣地回答："我也在寻找第三个人。"

爱丁顿不一定完全懂得广义相对论，但却相信广义相对论是正确的。他甚至坦言，按他的本意，用不着带队去观测日全食。不仅如此，爱丁顿是第一位想到用引力场聚焦光线的人。他于1920年提出，光线既然会在引力场的作用下产生弯曲，那么引力场就可以将星光聚焦成像。1936年，爱因斯坦明确地提出了"引力透镜"的概念。他认为，在远处的星星和观测者之间如果有一个天体存在，天体就会像一个透镜一样进行成像。

如何做成透镜

爱因斯坦是一位大家，许多问题点到为止。他本人并没有对引力透镜给出过详细的计算，但却给出了许多前瞻性的指点。他认为，引力透镜的聚焦效果不一定好，应该形成两个像，也可能会形成一个环状的像。后来，人们把这种环状的像称为"爱因斯坦环"。除了爱丁顿之外，在爱因斯坦之前还曾有一个人想到了引力透镜的概念。1924年，俄国物理学家奥列斯特·奇沃尔松讨论了通过引力成像的可能性，他设想一个大质量的天体会对背后的天体成像。

　　大质量天体如何形成一个透镜，从下图中可以清楚地看出来。设想地球上的观测者在观测天上的星星时，中间有一个"拦截者"挡道。这是一个大质量的天体，它可以使通过它附近的光线产生弯曲。图中的白色线箭头表示背景天体光线产生的弯曲。但是，观测者并不知道中间有一个天体，也不会想到光线还会弯曲。他沿直线看向背后的天

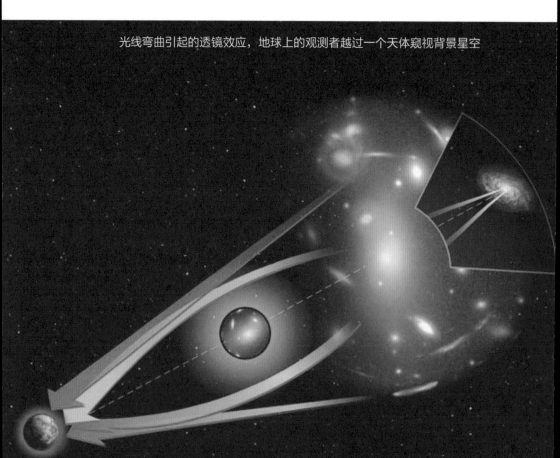

光线弯曲引起的透镜效应，地球上的观测者越过一个天体窥视背景星空

体，也就是棕色直线所来的方向，认为星光是从那里射过来的。真正的星可能被掩藏了，看到的只是星的像。

造成引力透镜现象需要有几个要素。第一，引发光线弯曲的天体必须有足够大的质量，质量越大，造成的光线弯曲越大，我们把这个天体叫作引力透镜体。第二，观测者、引力透镜体和背景之间的相对位置很重要，三者之间的距离配置要适中，最重要的是背景星的星光必须与引力透镜体"擦肩而过"，这样才会引发光线弯曲。第三，三者之间的相对位置、星星的亮度、引力透镜体的质量，会决定成像的图样，我们把所成的各种像叫作引力透镜像。下图告诉我们，引力透镜体的位置必须适中，才能引发引力透镜现象。第一种情形和第三种情形，由于前置天体离背景星的视线方向远，观测者看起来不会有任何影响。第二种情形，前置天体起到了引力透镜效应，就像是透镜聚焦一样，使背景星像变亮了。仅仅使背景星增亮，也是引力透镜现象的一种。

引力透镜体的位置适中，才能引发引力透镜现象

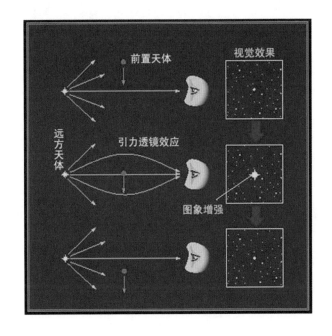

第一对真正的引力透镜像——双类星体

天文学中的偶然发现是屡见不鲜的，而发现新现象后"视而不见"也是常有的。就类星体而言，在马尔滕·施密特宣布证认出3C 273之前，至少有四位天文学家已经发现了类星体，他们是约翰·欧克、杰西·格林斯坦、西里尔·哈泽德和艾伦·桑德奇。他们不仅发现了类星体，而且对观测的对象产生了怀疑，只是由于未能进一步深入思索，结果遗憾终生。其实，造成遗憾的原因是由于当时的科学储备不够，大家不会朝正确的方向去思考。而对于引力透镜来说，理论学家们已经嚷嚷了几十年，谁见到也不会遗漏。

这次，幸运之神落到了三位天文学家手里。1979年，丹尼斯·沃尔什、罗伯特·卡斯韦尔和雷·魏曼在基特峰国家天文台的2.1米望远镜上发现了一个"双生类星体"Q0957+561。这对类星体的光谱完全一样，很快被确认，这是由引力透镜效应形成的双像。既然是双像，则两者应该完全一样。一样的表现不仅是两者的大小和亮度都一样，更重要的是两者的光谱也完全一样。天上发现的类星体越来越多，找到双类星体的概率也随之增加。但其光谱完全一样的概率就太小了。对于Q0957+561

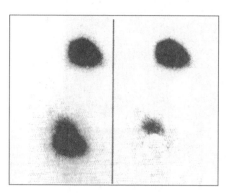

第一个被发现的引力透镜
类星体Q0957+561

来说，更确凿的证据是在发现这对引力透镜像之后不久，找到了引力透镜体。左图左侧是"双生类星体"，右侧的下部则是把类星体挖掉，仅仅留下了引力透镜体。进一步测量确定，双生类星体的红移都是$Z = 1.41$，两者的角距只有6.15角秒。引力透镜体的红移$Z_G = 0.36$，它与一个类星体的角距仅0.8角秒。像这样的引力透镜，具备全部参数，肯定不会误判。三位天文学家中的魏曼和我还有一面之交。20世纪80年代，南京大学天文系的陆埮教授将其弟子左林推荐给我，在北京师范大学天文系做我的助教。后来，左林到美国攻读博士，其导师便是魏曼。90年代初，我到澳大利亚的英澳天文台去观测，魏曼也在那里。他对我发现的宽吸收线类星体很感兴趣，问能否多发现几个。我们两人交谈良久，颇有一见如故之感。不幸的是，左林刚要成才，便英年早逝了。

　　到目前为止，已确认的引力透镜数目十分有限，总数不超过100个。如前面讨论的，确定为引力透镜像的两个类星体应该相距很近，其光谱必须完全一样，这是最重要的证据。事实上，我们看到的"双生类星体"都是"假象"，真实的类星体我们是看不到的。下图是"双生类星体"的形成示意图。在已发现的引力透镜中，有许多是找不到中间的引力透镜体的，其位置和质量只能推算出来。由于"双生类星体"都是"真类星体"的像，它们应该彼此丝毫不差，比"双生"更逼真。下页图是一个"双生类星体"，两者的光谱完全一样。检验的手段之一，是将两者的光谱相减，成为下方的 A－B光谱。不难看出，在噪声范围内，相减之后完全成了一条直线，说明两者的光谱的确完全相同。

形形色色的引力透镜

　　任何一种物理现象或一条物理规律，你不知道的时候，会感到它很神秘，一旦知晓，便觉得并不困难。第一个引力透镜在偶然情况下发现之后，天文学家们开始了系统

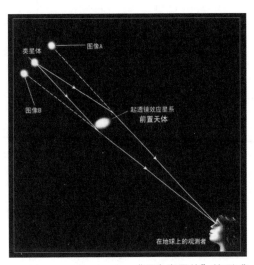

"双生类星体"的形成

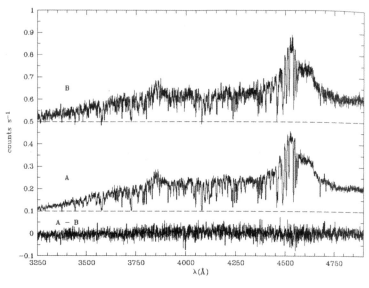

"双生类星体"Q0142-100，其光谱完全相同

的搜寻，首选的目标是双类星体，只要两者靠得足够近，光谱相同，便被列为候选体。

　　尽管天文学家们尽了很大努力，但真正被确认的引力透镜数目却一直有限。不久，人们的思路开始扩展：引力透镜不一定都造成两个类星体像，完全可以形成多个像。理论天文学家们对各种组合进行分析，画出了各种图样的引力透镜像。实际观测中，也确实找到了其中的不少图样。下页上方是一幅理论预言的多重引力透镜像。引力透镜体是一个旋涡星系，由于星系的复杂结构，会形成多个类星体的像。此图的观测者设想为钱德拉X射线天文台。它应该形成的影像如左下所示。实测中我们确实观测到了类似的图像，下页右侧是一个著名的多重引力透镜像，又称为"爱因斯坦十字"。类似"爱因斯坦十字"的多重像已经发现了多组，不过，"爱因斯坦十字"最为华丽可观。

　　显然，不应该仅有类星体才能形成引力透镜现象，中间的构成引力

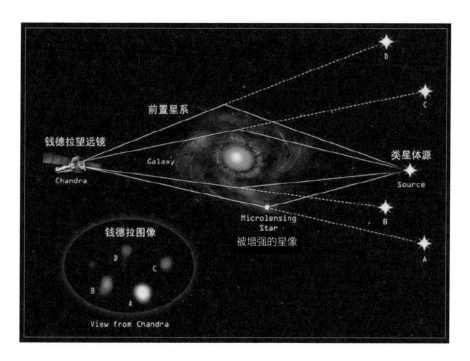

前置星系
钱德拉望远镜
Chandra
Galaxy
类星体源
Source
Microlensing Star
被增强的星像
钱德拉图像
D
C
B
A
View from Chandra

像的引力透镜体也不应该仅有星系。深入观测表明，各种类型的星系，包括星系团，都可以引发引力透镜现象。小至恒星，甚至行星，也同样会有引力效应使光线弯曲。关键所在是如何通过天文观测，证明所看到的现象的确是由引力透镜效应引起的。类星体的引力透镜效应是最容易验证的，因为类星体的光谱特殊，有明显的发射线，发射线的红移又代表了类星体的距离，辨认起来容易，就像一对巨型的孪生子一样。其他类型的引力透镜现象，则需要仔细地推敲和确认。目前，常把各种引力透镜划分为三大类：

A. 强引力透镜

钱德拉图像

"爱因斯坦十字"——多重引力透镜像

091

Abell 2218星系
团内的爱因斯坦
弧，请仔细观察，
有多处

B. 弱引力透镜

C. 微引力透镜

上面讨论的类星体引力透镜属于强引力透镜。强引力透镜指能明显地改变星像，形成双像、多重像，以及环、半环和弧的引力透镜。上图展示的便是在Abell 2218星系团内观测到的引力光弧，这些弧被称为"爱因斯坦弧"。不难发现，弧形的影像有多处，这些光弧都不是真实存在的，而是由前置的引力透镜体形成的虚像。之所以会形成弧，是因为它不是点状的类星体，而是有视面的明亮的星系。

弱引力透镜一般不再明显地形成新的虚像，而是会使星像变亮。由于星像变亮，星像的数目还会增加。这时增加的星像数目不再是假象，而只是把原来看不见的呈现出来而已。此外，弱引力透镜效应还可以使星像拉长一些，拉长的方向应该垂直于引力透镜体。下页图显示，由弱引力透镜效应引起的星像数目增加，而且增亮。

微引力透镜的主要特点是引力透镜体不再是星系间的星系或其他的大质量天体，而是银河系中的恒星。可以是某一种类型的恒星，也可以是某些特殊位置上的恒星。微引力透镜的效果也是增亮背后的天体，使天体数目增加。

引力透镜造成的星像明显增亮、增多

提高你的想象力

自然界存在着四种基本相互作用：电磁相互作用、强相互作用、弱相互作用和引力相互作用。引力相互作用是四种作用中最弱的，但却是最全能的。宇宙中的任何天体都逃脱不了引力，大家都处在引力场中，彼此之间都有相互作用，无论是在"天涯"，还是在"海角"，一个都不会遗漏。引力透镜现象仅仅是由于天体之间相互位置配合适当而产生的。可以想象，产生引力透镜的可能性是非常大的，天文学家们到目前为止所发现的引力透镜实例不过是九牛一毛。

引力透镜的发现，极大地启发了科学家们的思维。科学家们一方面开动脑筋，设想了各种可能的引力透镜模型；另一方面，用引力透镜效应去发现新的天体并解释一些疑难的现象。我们在这里仅举几例，以启发读者的想象力。

第一，亮星系周围的类星体数目明显要多一些。在研究类星体的著名专家中，有一位叫霍尔顿·阿尔普。此人从不人云亦云，他置疑类星体的距离是由类星体的红移决定的。换句话说，类星体的距离不应该这么远。只要摆脱了只能用红移测定距离的现状，就可以把类星体的距离拉近。把类星体的距离拉近，便可以解决类星体产能机制的矛盾，有关的问题在后文中还会讨论。阿尔普提出的证据之一，是在亮星系的周围有更多的类星体，其平均数密度远高于普通星场中的类星体数密度。很长一段时间，"正统的"天文学家们无法解释这一现象，只是在那里怀疑阿尔普的观测结果，认为阿尔普在亮星系周围花了更多的力气去寻找，因此就发现多了。后来，有人提出，这是由于亮星系的引力透镜效应。亮星系作为引力透镜体，把它背后的类星体的亮度都增强了，因而导致数目增加。这种解释看上去颇有道理，但仍需进一步探讨。

第二，微引力透镜现象不仅用于我们自己银河系中的恒星，还可以用于河外星系中的恒星。当然，这样的河外星系必须离我们足够近，其中的恒星能够分离开来。最理想的星系是麦哲伦云。大小麦哲伦云离银河系最近，其中的星星在望远镜中清晰可见。目前，天文学家不仅利用其引力透镜效应做了许多观测，还设计了用它预测某些宇宙物理量的方案。

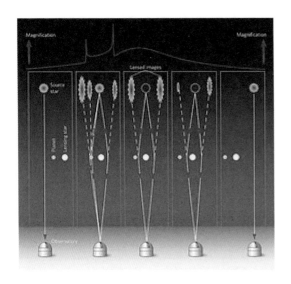

用引力透镜效应去寻找新的行星

第三，用引力透镜效应去发现新的行星。左图大概是一位天文爱好者设计的方案。如果某颗恒星还有一个行星围绕它旋转，行星也会产生引力透镜效应，通过观测恒星星像的异常，可以推测出行星的存在。图中给出了他设计的几种方案和成像效果。这位爱好者的想象应该是正确的，只是目前的天文观测精度还难以达到他的要求。

打开另一扇窗口——红外

红外天文第一人

人的聪明程度有高有低。苏联著名物理学家、诺贝尔奖获得者列夫·朗道曾对20世纪杰出的物理学家做过一个点评，他把尼尔斯·玻尔、维尔纳·海森堡、保罗·狄拉克、埃尔温·薛定谔列为第1等，把自己列为第2.5等，唯独把阿尔伯特·爱因斯坦列为第0.5等。的确，爱因斯坦的大脑已经聪明到"点石成金"的水平，在他当年撰写的学术论文中，至少还有三四篇都应该获得诺贝尔奖，包括人人为之喊冤的广义相对论。历史上，能和爱因斯坦一拼的只有艾萨克·牛顿。除了发现大名鼎鼎的万有引力定律之外，牛顿在诸多方面都有建树，包括数学和天文。牛顿亲手制造了一台望远镜，用铜铁锡合成的金属制成反射镜面，至今仍保存在英国的皇家学会。后来，这类使用反射镜面的望远镜被称为牛顿望远镜。牛顿还是第一位用三棱镜将太阳光分解为红橙黄绿青蓝紫七种色光的人。牛顿之后，在很长一段时间内，没有人再做进一步的研究，大家都认为只有七种色光。

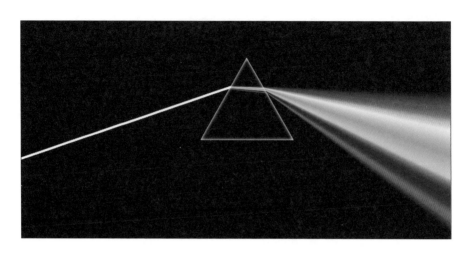

太阳光通过三棱镜被
分解为七种色光,从
红光到紫光

　　第一位敢向牛顿质疑的是英国天文学家威廉·赫歇尔,他猜想太阳光会有更多的色光。他把太阳光分成七种色光之后,在紫光的外面和红光的外面寻找有没有其他的光。在紫光以外找到的应该是紫外光,在红光以外找到的则是红外光。赫歇尔没有找到紫外光,没有找到的原因并不是因为紫外光不存在,而是由于地球大气把太阳射来的紫外光吸收掉了,这一点当时的人们并不知道。赫歇尔在红外发现了新的辐射,这种辐射似乎并不是光,而仅仅是一种热。事实上,赫歇尔的实验非常简单,他用一种非常粗糙的水银温度计,把温度计的球泡放在红光外侧,发现温度计的示数很快就会升高。就这样,早在18世纪,赫歇尔便发现了来自天体的红外辐射。

　　红外辐射的发现没有引起别人的重视,甚至没有引起赫歇尔本人的重视。他只是证明了自己的大脑不因循守旧,敢于向权威挑战。今天,人们介绍赫歇尔的成就时，常常忘了赫歇尔是红外天文学的第一人。我国出版的《中国大百科全书》对于这点更是只字未提。

赫歇尔本人的确不属于头脑聪明者，他曾是一位普通的吹鼓手，业余爱好是天文学，最大的乐趣是磨制望远镜。他一生制造了上百架望远镜，最大的一架望远镜口径达到1.22米，焦距12.2米。要知道，当时磨制望远镜用的不是玻璃，而是金属，可想而知造一架望远镜是多么的麻烦。赫歇尔的妹妹卡罗琳·赫歇尔也是一位酷爱天文观测的女杰，一生做哥哥的助手，从事观测和资料记录。赫歇尔的儿子约翰·赫歇尔也是一位天文学家，子承父业，在双星、星团和星云等方面都做了大量的观测和发现。值得一提的是，他撰写的《天文学纲要》于1859年由李善兰和伟烈亚力翻译成中文，书名为《谈天》。该书洋洋十八卷，是我国引入的第一本系统地介绍西方天文学的书。

红外成为天文的重要分支

窗户纸被捅破以后，事情就变得简单多了。红外线，不外是热辐射产生的电磁波。太阳光里有红外辐射，地面上任何一个热源，包括家中的煤火炉，都在发出红外辐射。因此，红外技术进步比较快。把红外技术用到天文上，面临着如何探测的问题。除了太阳以外，所有天体到达地面的红外辐射都十分微弱，如何探测这类微弱信号成为关键。一般采用各种晶体，这类晶体对热辐射敏感，当红外波段射上去以后，会出现电阻值改变等变化。例如，常用的一种叫硫化铅的晶体，当红外线照上去以后，由于电阻的变化，通过晶体的电流会发生变化。

红外逐渐成为天文学的分支，是在20世纪80年代以后。一方面，探测红外的器件不断进步，提高了观测的灵敏度；另一方面，天文学家们开始意识到，红外辐射对于了解天体的物理性质越来越重要。

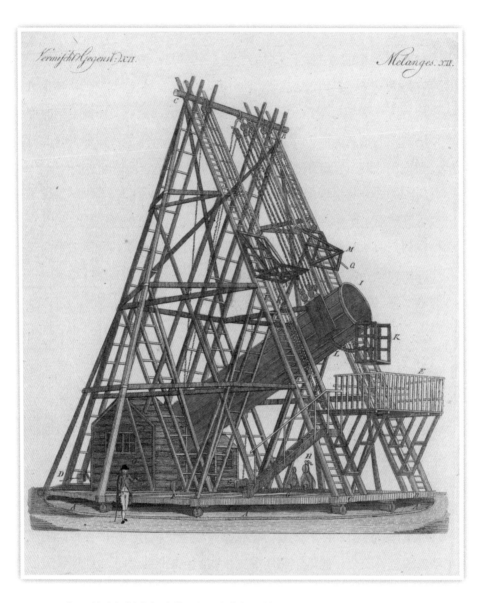

1789年，赫歇尔制成当时世界上最大的望远镜，口径1.22米，焦距12.2米

恒星的表面温度大都处在3000~20 000摄氏度之间，根据黑体辐射定律，不难算出在不同温度下各波段的辐射强度。当温度低于3000摄氏度时，红外辐射就显得十分重要了。因此，对于了解晚型星的物理性质，红外观测是必不可少的。更重要的是，恒星在演化过程中会走向死亡，大部分恒星的归宿是白矮星。成为白矮星之后，恒星内部不再进行核聚变反应，其表面温度会慢慢冷却下来，逐渐变为褐矮星，最终变成无法看到的黑矮星。为了寻找褐矮星，也只能靠红外巡天。

星系中存在着大量的星云和星际间介质，这些都会产生大量的红外辐射。星系中正在形成着的恒星和行将死亡的恒星也是重要的红外源。

到了20世纪的90年代，红外天文学的重要性已不再被质疑。大家开始建造专门的红外望远镜，即使是普通的光学望远镜，也都要附加上红外探测终端，以便能同时兼顾红外波段。

从 IRAS 到 Spitzer

当红外观测日益受到重视的时候，它的一个致命的弱点日显突出，这就是地球大气为红外打开的窗口太小了。红外辐射，一般指从1 μm到1 mm波段的辐射。在这段范围内，仅仅在近红外区，即几个 μm 的波段上，地球大气断断续续地开了几道窄缝，而且还不是全透明的。因此，在地面上进行的红外观测只能是近红外区，同时要选择大气干燥的台址，因为潮湿的大气对近红外线的吸收也特别严重。

唯一的好办法是上天。第一个成功的红外探测器叫作红外天文卫星（Infra-Red Astronomical Satellite, 简称IRAS），它是由美国、荷兰和英国于1983年发射的，其主体设备是一架60 cm的红外望远镜。它选择了四个观测波段，分别是12 μm、25 μm、60 μm和100 μm。由于IRAS探测器的灵敏度比较高，卫星的运转状态良好、指向精度高，因此，在天上仅仅飞行了10个月，就完成了96％的巡天天区。

IRAS成功的另一个关键是资料处理系统，也就是计算机和相应的软件先进。在20世纪80年代，发射IRAS是一件大事，为此专门成立了一个研究所，叫作红外处理与分析中心（Infrared Processing and Analysis Center，简称IPAC）。IPAC是加州理工学院的一个独立的研究机构。为了应对每天从卫星上收到的庞大的观测数据，研究所内除了天文研究人员以外，还有多位专门从事软件开发的人员。80年代中期我在这里访问时，总管计算机设备的是一位从巴西过来的华侨。他见到中国人来访十分热情。数据处理的首席专家叫约翰·古德（John Good），他的姓氏比较少见，实际上是姓"好"。"好"先生对中国人很友好，他的夫人是中国台湾人。在"好"先生的领导下，IPAC的数据分析达到了世界领先水平，能从杂乱的卫星接收讯号中提取出最有价值的内容。后来，IPAC的分析方法为其他天文卫星效仿。

IRAS对红外天文学的发展具有里程碑意义，使天文学家首次不受任何遮挡地从天外观天。它突出的贡献有两个方面。一是重新认识了我们

IRAS拍摄的银河系全貌，这是人类第一次用红外线审视我们的银河系

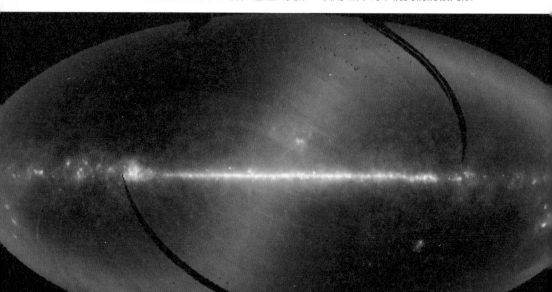

的银河系，如上页图所示。我们的银河系在红外相机下原来是一片红海洋，比之光学像的内容更加丰富，里面有许多先前看不到的星云和尘埃物质。尤其是靠近银河系中心，红外显示了更强的穿透力，发现了许多新的原始星云和结构。二是在河外星系方面，令人吃惊地发现了许多河外星系具有大量的红外辐射，其红外辐射强度远远超过光学辐射，这些星系后来被称为红外星系或红外超星系。此外，首次发现了类星体也是有红外辐射的。

IRAS只在天上工作了10个月，获得的数据一直被使用到今天。不过，IRAS也有一些不足之处，受望远镜和探测器元件的限制，观测的灵敏度还不够高，观测的波段范围也受到局限。在IRAS之后，欧洲空间局于1995年11月发射了红外空间天文台，它在天空中工作到1998年4月，波段为$2.5 \sim 240\,\mu m$。其在$12\,\mu m$的波段上，灵敏度比IRAS高出1000倍。美国国家航空航天局于1999年3月发射了广视场红外探测器，主要用于星暴星系和亮星系的观测。

最先进的是于2003年8月发射的"斯皮策"空间望远镜（Spitzer Space Telescope），该望远镜原来叫SIRTF（Space Infrared Telescope Facility），为纪念著名的星际介质天文学家莱曼·斯皮策而改名。"斯皮策"的发射日期曾一延再延，但上天后便出手不凡，依仗着85 cm的红外望远镜和极高灵敏度的探测器，很快便发现了大批的亮红外星系，红移$Z > 2$的就有4万多个，还发现了几十万个各种类型的活动星系核。目前，"斯皮策"空间望远镜的观测数据成为红外天文学的追逐热点。

红外类星体

在IRAS上天之前，大家从来没有想到过类星体会有红外辐射。所谓红外类星体，是指用红外方法发现的类星体，也叫作红外选类星体。类

用"斯皮策"空间望远镜观测到的红外源，其清晰程度和光学像一样

星体发现之后，随着天文观测技术的进步，能够观测到类星体的电磁波段不断扩展，发现类星体的方法也随之按波段划分，分别称之为光学方法、射电方法、X射线方法和红外方法。前三种方法都在天文学家的预料之中，因为类星体是典型的活动星系核，它具有很高的光度、很高的温度和很强的磁场，必然在光学、射电和X射线上有强的发射。推理下来，在红外的辐射应该是弱的。

在IRAS的红外点源表中意外地找到了一个类星体，天文学家开始重新审视活动星系核的红外辐射机制。原来，活动星系发出红外辐射可以有多种机制：有热辐射，也有非热辐射。属于热辐射的部分，即通常的由气体和尘埃在温度不太高的情况下发出的红外线。属于非热部分的，则和产生射电波的辐射机制是一致的，叫作同步加速辐射。电子在磁场中做旋进运动时，会产生电磁辐射，既可以辐射射电波，也可以辐射红外波，这取决于电子的运动速度和磁场的强度。在天体通常的状态下，同步加速辐射主要产生射电波辐射。这就是为什么没有人想到有红外类星体的原因。

进一步研究表明，真正的红外类星体的确数量不多。不过，数量越少越珍贵。这样的类星体叫作红外超类星体。在红外超类星体中，一部分是真的由类星体本身发出强红外线；另一部分则是一种表面现象，由于类星体被周围尘埃所屏蔽，通过尘埃转换而产生红外线。

在系统地寻找红外类星体的工作中，最值得一提的是2微米全天巡天（Two Micron All Sky Survey，简称2MASS）计划。2MASS计划是一项地面的近红外巡天观测。之所以推崇这项工作，是因为在大家都关注空间红外的时候，它却能少花钱、办大事。该项目仅建造了两台口径只有1.3米的望远镜，一台放在北半球，一台放在南半球，从1997年起开始做全天性巡天观测，到2001年2月结束。2MASS配备的是普通的三通道照相机，包括三个近红外波段：J（1.25 μm）、H（1.65 μm）和K（2.17 μm）。2MASS就是用这样的设备完成了30亿颗恒星和其他点源的准确位置星表，以及超过100万个星系和星云的星表。这些资料目前已成为红外天文的重要的数据库。

2MASS的成功在于选题准确、工作细致。小设备也能完成先进目标，非常值得我们学习。

射电观测依然威风八面

射电窗口开辟了近代天文学

人的能力是有限的，这一点在视力上也充分地表现出来。人眼能看到的电磁波大约是从4000～8000 Å，波长范围只有4000 Å。1 Å = 10^{-8} cm，4000 Å仅相当于0.0004 mm，还不如一根头发丝粗。而天体发出的电磁波长从10^{-12} cm一直到几万米，相比之下，人的眼睛显得太低能了。

在看不见的电磁波中，有一类叫作射电波，波长范围从1 mm到几十米。"射电"这个词本来和"无线电"是同义的，英文都是radio，在大陆的天文书籍上都习惯叫作"射电"，而在中国台湾则称作"电波"。

地球大气仅为我们开了两个窗口，可以让天体发出的电磁波到达地面，一个是"光学窗口"，另一个便是"射电窗口"。射电窗口比光学窗口要大很多，正是这个射电窗口，使天文学在早期发展中便形成一个新的学科分支——射电天文学。

射电天文学是在不经意中诞生的。我们在前文中提到过，卡尔·央斯基于1931年发现了来自银河系中心的宇宙射电辐射。央斯基的发现在当时并没有引起强烈的反响。后来证明，这是20世纪天文学中最重要的发现之一。为了纪念央斯基的发现，在1973年举行的第十五届国际天文学联合会大会上将天体射电流量密度的基本单位记作"Jy"（央），$1 \mathrm{~Jy} = 10^{-26} \mathrm{~W/(m^2 \cdot Hz)}$。

介绍射电天文学的早期发展史时，还应该提到苏联天文学家约瑟夫·什克洛夫斯基。在我国和苏联友好的时代，什克洛夫斯基可是鼎鼎大名的天文学家。后来，随着我国和苏联关系的变坏和苏联本身的解体，他的名字也从我们的视野里消失了。事实上，西方的文献仍然会提到什克洛夫斯基。他最早提出了射电辐射的新机制，叫作同步加速辐射。这种辐射是由电子在磁场中运动产生的，它不需要多么高的温度，只要有带电粒子在磁场中运动就可以了。因此，这类辐射被总称为非热辐射。非热辐射彻底地解决了天体射电辐射产生机制的问题。

射电天文学的第一大功劳是导致了类星体的发现，关于类星体的发现过程已经在本书的第一篇做了详细的介绍。继类星体之后，天文学家又发现了星际分子、宇宙背景辐射和脉冲星。所有这些发现，都是现代天文学的核心成就。

从赖尔到北京密云天文台

脉冲星研究首次获得诺贝尔奖的时候，天文界为之兴奋，因为这是第一个纯天文的诺贝尔奖。天文学没有自己的诺贝尔奖，而是在诺贝尔物理学奖中分一杯羹，此前获奖的天文发现往往物理味道很浓。可是，人们在称颂安东尼·休伊什因脉冲星研究获得诺贝尔奖的时候，却往往忘记了另一位诺贝尔奖的获得者马丁·赖尔。赖尔是和休伊什同时获奖的，两人分享了1974年的诺贝尔物理学奖金。

赖尔出生于1918年，第二次世界大战期间为军队服务，在无线电通信研究院从事雷达设计工作。英国的雷达技术在当时已经相当先进，可以监视德国飞机突如其来的空袭，为保卫英国的领空起了至关重要的作用。第二次世界大战之后，这些技术人员转为"民用"，从而促进了英国射电天文学的发展。赖尔进入剑桥大学的卡文迪什实验室，后任射电天文学教授，1952年选为英国皇家学会会员，1972年成为皇家天文学家。在英国，能冠以"皇家"称号的科学家肯定是该学科的顶尖人物。

传统的射电望远镜的缺陷是只能接受来自天体的射电辐射流量，无法像光学望远镜那样成像。赖尔提出了综合孔径射电望远镜的新概念。他设计了一组射电望远镜，将一部分射电望远镜的天线固定，让另一部分天线围绕固定着的天线移动，两部分天线获得的讯号进行相互干涉，得到一组讯号。不停地改变移动天线的位置，将得到的多组讯号组合起来，便得到了天体的射电图像。他最出色的成果是为剑桥大学穆拉德射电天文台研制的一台综合孔径望远镜。由四台移动天线和四台固定天线组成的"5千米阵"，得到的射电图像可以和光学图像媲美。赖尔的工作虽然是技术性的，但却是纯天文的，他的成果完全用于天文观测。然而，人们在谈论获得诺贝尔奖的天文学家时，却往往把赖尔忽略掉了。

与赖尔同时代的，还有一位射电望远镜大师，澳大利亚的射电天文学家威尔伯·克里斯琴森。克里斯琴森生于1913年，曾任国际天文学联合会副主席、国际无线电科学联盟主席。他的突出成就是对赖尔的综合孔径技术进行了改进，不再用固定天线和移动天线，而是把一组固定天线放在那里，利用地球的自转不停地扫描，从而达到孔径综合的目的。提起克里斯琴森，我国老一辈的天文学家无人不知、无人不晓。他是我国射电天文学奠基人王绶琯院士的挚友，对中国射电天文的发展给予了很大的帮助，中国天文同行都亲切地称他为"老克"。

我有幸参与了老克帮助我国兴建的射电望远镜的观测工作。1971年，我刚从北京师范大学在山西临汾的劳动基地锻炼回来，工宣队就找我谈话。刚锻炼了一年，脚还没站稳，怎么又要锻炼？没想到，新的"革命工作"居然是到北京天文台密云射电观测站分析观测数据。后来我才知道，这是由于老克又要访问中国，密云站的工作由于"文化大革命"的影响亟待恢复，天文台和北京师范大学宣传队几经协商才勉强把我借调出来。

密云射电观测站坐落在北京郊区密云水库的北侧，依山傍水，当地叫不老屯。据说山虽不高，却有仙在，能长生不老，故而得名。一排射电天线沿东西方向一字排开，共有16台天线，每台天线的口径是6米，两台天线之间的距离是72米。因此，天线阵的总长度为1080米，也就是1千米多，看上去颇为壮观。这个天线阵就是按"老克原理"工作的，一字天线随着地球的自转而不停地转动，把天体的射电图像积分下来。天体的讯号必须不间断地累积。为了达到这一目的，天线之间都用地下电缆线连接起来，所有的讯号都输送到中央计算机进行处理和成像。

我到站工作不久，就迎来了老克的大驾光临。那时是"文化大革命"，几乎所有的外事活动都被叫停，和"革命"无关的技术人员就更难踏足中国了。为了老克到站，我们做了大量的准备工作，少不了打扫卫生、准备鸡鸭鱼肉。一见老克才发现，他原来是一位非常和蔼的学

一字排开的密云综合孔径射电望远镜，看上去颇为壮观。这是当年的照片，后来每台天线的口径又增加了不少

者。由于无法住宿，他在站上只停留了几个小时，说了很多表扬的话，只是建议多增加观测的内容。老克特别夸奖了当地出产的鸭梨。产鸭梨的村叫黄土坎，这个村的鸭梨虽然产量不高，却能被摆上国宴。

我在密云站工作了不到两年，但回

想起来，印象太深刻了。每次去密云，一大早从北京师范大学的家里出发，先到东直门乘去密云县城的长途车，在县城吃一顿午饭，再乘下午的长途车去不老屯，等到达不老屯已经是下午5点多了。如果是冬天，天已经黑了。每两周到一个月回一次家，平时全在站上。站上的生活很单调，或值班观测，或处理资料。当时的天线只能在赤经方向跟踪，也就是随地球转动方向。赤纬方向必须手动，因此，每天都要爬到16台天线上一一调整赤纬。有一次，观测人员从天线上掉了下来，人都摔晕了。事故发生后，只好下决心把赤纬调节也自动化了。密云站最幸福的生活是能抓上几条密云水库的鱼。站上的厨师张师傅手艺高超，我们常常吃到鲜美的鱼宴，甚至回京时还能带上几条。现在，密云水库是北京市主要的饮用水水源地，实行全封闭管理。

老克的到访还为北京天文台带来一份额外的礼物。从密云回北京后，时任中国科学院院长的郭沫若接见了他。陪同人员告诉郭老，去一趟密云，往返行程要七个多小时，郭老重听，听成了单程要七个多小时。接见之后，郭老批示要为密云站建一个外宾招待所，这一下难住了北京天文台的领导，密云猴年马月才来一个老外。最后，将外宾招待所建在了北京天文台兴隆观测站，建成后取名"贵宾招待所"。在"文化大革命"中能盖这样的招待所实属不易，知道它是如何建成的就更没有几个人了。

射电望远镜能造多大

为了争取基金支持，射电天文学家和光学天文学家经常发生争执，比较谁的方法更先进，这种情况在国内和国外都是一样的。在美国，科学研究最大的支持者是美国国家科学基金会（National Science

Foundation，简称NSF）。从20世纪70年代开始，NSF支持天文的钱，大部分都进了射电天文学家的口袋里，光学天文学只能从各种私人基金会手里要钱，再用他们的名字命名。近年来，这种情况有所转变，因为光学望远镜的发展势头也大了起来，提出了许多新的概念，也需要把望远镜造大。

比较各种望远镜，要从望远镜最基本的物理参数出发。望远镜最基本的两个物理参数是聚光本领和分辨率。聚光本领的大小取决于望远镜的口径，口径越大，聚光本领自然也越大。而分辨率则不同，一个望远镜的角分辨率可以表示为

$$\theta = 1.22\frac{\lambda}{D}$$

其中，λ 为观测的波长，D 为望远镜的口径，θ 为能分辨的角度。可见，望远镜的分辨率不单取决于口径，也取决于观测的波长。例如，观测1 cm的射电波和观测5000 Å的光学波段相比，两者角分辨率就相差了2000倍。换句话说，一台2000 m口径的射电望远镜才相当于一台1 m的光学望远镜。最初，射电望远镜也是在追求大的口径，一台做得比一台大。目前，最大的可移动天线口径为100 m，位于德国的埃菲尔斯伯格，它的抛物面天线重达3200吨。如此巨大的口径，其角分辨率也不过30角秒，转动起来却是太艰巨了。

赖尔的理念彻底解决了射电望远镜的缺陷。把几台望远镜组合在一起，用干涉方法把每台望远镜收到的讯号串联起来，就相当于一台大的望远镜，其口径等于望远镜之间的距离，这样的联合体叫作射电干涉仪。可以想象，只要把两台望远镜摆放得足够远，角分辨率就可以大大提高。这样的望远镜叫作甚长基线干涉仪（Very Long Baseline Interferometer，简称VLBI）。如果把一架VLBI的两个天线，一个放在

美国，一个放在澳大利亚，使用这样的干涉仪，可以分辨清楚月球上距离只有20厘米的两个物体。科学家的进取心是无止境的，有人设想在地球上放一个天线，把另一个放在月球上。在宇航技术迅速发展的今天，制造这样一台射电干涉仪是有可能的。

最理想的方案是既能干涉又能成像。美国于1980年在新墨西哥州建成了一架巨大的

世界上最大的可移动单天线射电望远镜，口径100米

综合孔径望远镜，取名甚大阵（Very Large Array，简称VLA）。甚大阵由27台口径各25米的天线组成一个"Y"字形阵列，角分辨率可达0.1角秒以上。在VLA的基础上，美国又研制了甚长基线射电望远镜阵（Very Long Baseline Array，简称VLBA）。VLBA将一部分望远镜放在美国大陆，另一部分放在夏威夷，其成像水平是可想而知的。

VLA由3个臂组成"Y"字形，占地14 000平方米

我国在射电观测方面起步是比较早的，改革开放以后又急起直追。最新的计划是在

贵州建造一台直径500米的巨型射电望远镜，利用贵州特有的喀斯特地形，也就是天然的大坑，在坑底铺上金属板形成天线反射面。这样的望远镜自身无法转动，只有依靠地球的旋转去追踪观测天体，但它的威力将是世界上最强大的，我们预祝它能早日建成。

我国正在建设中的500米口径球面射电天文望远镜（Five hundred meters Aperture Spherical Telescope，简称FAST）

能否超越光速？

光的速度

光的传播速度是物理学中最经典、最重要的一个参量。历史上，最早提出对光的速度进行测量的，不是物理学家，而是天文学家。1607年，伽利略提出了一个天真的测光速方法：让两个人站在相距1英里*的两个山头上，每一个人拿一盏灯。第一个人先举灯并开始计时，第二个人看到第一个人举灯后举起自己的灯，第一个人看到第二个人举灯后马上停止计时。时间差便是光往返两个山头所用的时间。由于光的传播速度太快了，用这种方法不可能测出时间差。但是，伽利略的试验成为了人类历史上第一次测量光速的尝试。

随后的光速测量也都和天文学有关。在伽利略试验的启发下，一个年轻的丹麦人奥勒·勒默尔移居巴黎，从事木星卫星的观察和研究工作。1676年9月，勒默尔向法国科学院报告，下一次的木卫食本来应该

---

* 1 英里 ≈ 1.609 千米

发生在这年的11月9日的5点25分45秒，但他推测会推迟10分钟。巴黎天文台的天文学家们抱着怀疑的态度进行了观测，结果果然迟到了10分钟。法国科学院并没有为此奖励勒默尔，因为他们也搞不清楚，这次迟到10分钟真是由于光跨越日地空间被耽搁了，还是勒默尔自己"导演"的。据说，荷兰光学家克里斯蒂安·惠更斯非常相信勒默尔的观点，并由此推导出光的传播速度是21万千米每秒。

另一位天文学家在测量恒星的视差时意外地发现了光的传播速度，并证实了勒默尔的想法是正确的，只是误差大了一些。英国天文学家詹姆斯·布拉得雷测量恒星的视差时发现了一个奇怪的现象。如右图所示，下面是地球的轨道，从地球上看一颗恒星S，在6月到12月间会显示出恒星的表观运动轨迹从S′移到S″，是为恒星的视差。而从3月到9月之间，恒星S居于中间位置，应该不会发现视差的影响，但奇怪的是恒星并不在相同的位置上。布拉得雷百思不得其解。有一天在泰晤士河上乘船，他观察到每一次船转换方向时风都变向。船夫告诉他，桅杆顶上风标方向的变化仅仅是由于船的航行方向的变化，而风向依然如故。布拉得雷立刻联想到，光的

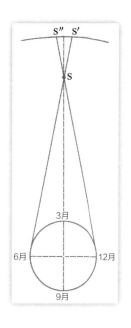

布拉得雷在测量远处恒星S时发现的光行差

传播速度与地球在轨道上的运动速度相结合，必然会引起方向的变化，恒星的方向正是依赖于这两者速度的合成，他把这种视差称为"光行差"。根据光行差的大小，布拉得雷推算出太阳光到达地球的时间是8分13秒，这与目前准确的数值8分19秒已相差无几。

测量光速的工作由天文学家转到物理学家手里已经是100年以后的事情了。到了1849年，法国物理学家阿曼德·斐索开始在地面上进行光速测定。他用的方法和伽利略的想法一样，也是在一定距离处放置光源。不过，他不再用人去举灯，而是在远处放置一面反射镜，并在中间靠近观测者一侧放置一个旋转的齿轮。当光通过齿隙时，观测者就可以看到远方返回的光，遇到齿轮的齿时就被遮住。从开始到返回光第一次消失，刚好是光往返一次所需的时间，根据齿轮的旋转速度，这段时间并不难求出。斐索用这种方法测得的光速为大约31万千米每秒。斐索的方法后来又被发明傅科摆的法国天文学家莱昂·傅科加以改进，测出的光速已经非常接近准确值。

此后又经历了大约100年，各种测定光速的方法不断改进。到了1972年，光在真空中的传播速度c的值被定为

$$c = 299\ 792\ 457.4 \pm 0.1\ 米/秒$$

相对论和光速

讨论光速，就必然涉及相对论。提到相对论，当家人自然就是阿尔伯特·爱因斯坦。爱因斯坦的狭义相对论有两条最基本的假设：1. 相对性原理；2. 光速不变原理。然而，在相对论的研发史上，有一个人的功劳是不应该被忽视的，那就是法国大数学家亨利·庞加莱。庞加莱在爱因斯坦之前明确地阐述了相对性原理。他认为："根据相对性原理，不管是对于一个固定不动的观测者，还是对于一个匀速运动的观测者，各

种物理现象的规律应该是相同的。因此，我们既没有，也不可能有任何方法来判断我们是否处在匀速运动之中。"他在1898年发表的论文《时间之测量》中更明确地提出，光速不变是一种假设，没有这一假设，就无法测量光速。庞加莱的观点离相对论只差一步。他曾明确提出，"应该建立一种全新的力学，在这个力学中，惯性将随着速度而增大，光速将变成不可逾越的极限"。

庞加莱只活到58岁就因病动手术去世了。世人只知道庞加莱是20世纪最伟大的数学家之一，他的许多数学定理和猜想一直活跃到今天。然而，如果考虑他在物理上的先进思想，还应该给他冠以"物理学家"的称谓。庞加莱的为人也不错。瑞士苏黎世联邦理工学院在准备聘任爱因斯坦为教授时，曾征求庞加莱的意见。1911年，他为爱因斯坦写了推荐信，信中称"爱因斯坦先生是我曾认识的最富有创见性的思想家之一，他虽然年轻，却已经在当代第一流科学家中间居有最崇高的地位"。相反，爱因斯坦在其相对论著作中，从未提到过庞加莱，以至于一些科学家对爱因斯坦的三缄其口提出了质疑。

相对论把光速看作是一个常数，而且是一个极限值的常数，不可能超越。由相对论得出的最经典的推论是"时延"和"尺缩"。当一个物体以速度v相对一个静止系统运动时，静止系统的观测者会测量出运动系统的时间t和尺度l都发生变化。具体表示为

$$t = t_0 \sqrt{1 - \frac{v^2}{c^2}}$$

$$l = l_0 \sqrt{1 - \frac{v^2}{c^2}}$$

其中，t_0和l_0是静止系统中的时间间隔和长度，v是运动系统的速度，c是光速。可以看出，v的数值越大，改变量也就越大。我们可以编造出各种

相对论的悖论故事。但是，最关键的是不能出现 $v > c$，否则会得出负的时间和负的长度，从而违背因果关系。

上面的讨论属于狭义相对论，至于广义相对论，原则上是一致的。广义相对论中有测量意义的速度是固有速度，固有速度是和一个惯性系联系在一起的，因此仍然不能超越光速。有些没有真正理解相对论的人喜欢胡乱讨论一通，声言可以超越光速，其实完全违背了相对论的真谛。

石破天惊——超光速喷流

爱因斯坦曾自豪地说，如果我不发现狭义相对论，五年之内肯定会有人发现；但是，如果我不发现广义相对论，50年内也不会有人发现。相对论自创立以来，无数人想超越它，超越爱因斯坦，另立新的理论。对于相对论的支撑物理量——光速，同样有许多人耿耿于怀。

从活动星系核发出的喷流，右图是中心部分的放大

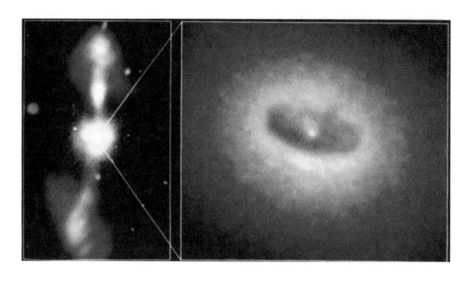

什么都可以超越，为什么光速就不可以超越呢?

　　地上实现不了的事情，可以到天上去找。果然，类星体的喷流提供了超越光速的实例。喷流是活动星系核，尤其是类星体独有的天文奇观。20世纪50年代，射电天文学的兴起带动了整个天体物理学的发展。而随着射电望远镜观测精度的提高，天文学家开始了对天体细节的探测。1954年，第一个射电喷流天鹅座A被发现，天文学家们无不为之惊奇。慢慢地，被发现的喷流越来越多。超大规模的喷流，喷射的距离能超过1亿光年，而我们银河系的直径也不过20万光年。从理论上分析，活动星系核（包括类星体）的中心是一个黑洞，黑洞周围有一个盘状的结构绕它旋转，通常把这个旋转盘称作吸积盘。吸积盘在旋转过程中有角动量丢失，其结果必然导致物质从吸积盘的中心向两侧喷射，从而形成喷流。上页图是将一个活动星系核的射电喷流和光学像叠加在一起，形

来自半人马座A的射电喷流，和母体的光学像叠加在一起

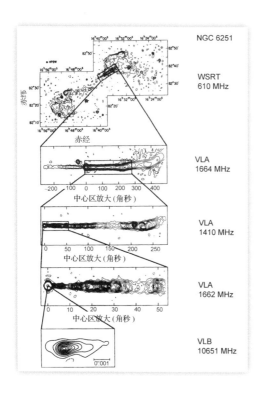

象地显示了这一结构。其中心部分看上去像是一个环绕黑洞的吸积盘。

上页图中是另一幅壮观的射电喷流，同时把母体的光学像叠加在后面。可以看出，喷流是对称地从活动星系的中心向两边激射出去。如果上述解释普遍适用，则随着观测灵敏度的提高，会发现更多的活动星系核带有喷流。

NGC 6251的巨大射电喷流。该图依次给出每个局部的放大图，一直到核心区域

巨大的喷流能够长达几百万光年，甚至上亿光年，其喷射速度之快可想而知。射电天文学家开始观测喷流的结构和细节，进而研究它的形成和演化过程，并测量其喷射速度。我们来分析一下NGC 6251的巨大射电喷流。这个喷流的长度达到600多万光年，喷流的结构复杂且不对称。喷流的全图（上图上端）是由荷兰的韦斯特博克综合孔径射电望远镜在610 MHz上观测的，局部放大图是由美国的甚大阵（VLA）在不同频率上依次观测的。最核心部分是由甚长基线射电望远镜（VLBI）观测的，其大小只有8光年左右，接近了吸积盘的外缘。如此巨大的喷流，要测量其喷射速度实在是太难了，一是尺度过大，二是两次

观测时间间隔毕竟是太短了。但是，到了核心部分，情况变得简单了。当天文学家们着手测定它的膨胀速度时，奇迹发生了，其膨胀速度居然超过了光速！

第一个被确认的超过光速的喷流是3C 273，也就是最早发现的类星体。用VLBI仔细地观测喷流的结构，发现有两个亮结与星系核的距离在不断地向外扩大，测量其膨胀的速度居然超过光速。下图标出了每次的观测时间，由此可以算出扩张的角速度μ，结果是

$$\mu = 0.000\ 8/年$$

即每年扩张0.000 8角秒。我们已知3C 273的距离为

$$d = 440\ \text{Mpc}\ （百万秒差距）$$

由此可以算出它的线膨胀速度为

$$v_{线} = \mu d = 1.67 \times 10^{11}\ 厘米/秒 = 5.57c$$

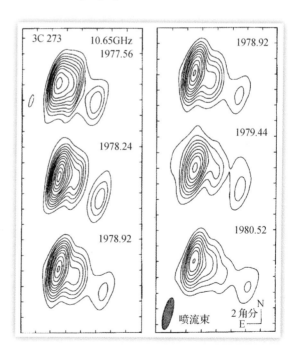

3C 273的VLBI观测图，图中标出了每次观测的时间，可以清楚地看出喷流的两个亮结在不断地分开

121

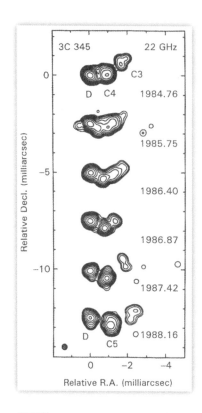

类星体3C 345，用VLBI观测到的亮结的膨胀速度也是远远超过了光速，右边标出了观测时间

也就是光速c的5.57倍！

不久，又发现了一系列的具有超光速膨胀的喷流。左图是3C 345的VLBI观测图，计算结果显示其膨胀速度达到14.7c。而3C 111的超光速喷流的膨胀速度居然达到了45c！

是真超，还是假超？

超光速喷流发现以后，立即引起了一片震惊和欢呼，主张光速可以被超越的学者终于找到了真实的观测事例。可是，天文学家们也在问自己，光速怎么会这么容易超过，而且是想超多少就超多少？在科学家中曾流传着这样一种说法，做理论研究的，他的研究结果只有自己相信，别人都不信；而做实验研究的，他的实验结果别人都相信，唯独他自己不相信。这一次实验是大家完成的，许多天文台都参与了观测，实验结果是绝对可靠的。

解铃还须系铃人，圆满解释超光速现象的仍然是一位天文学家，英国的马丁·里斯。在英国，有两位世界级的天文学家，一位是斯蒂芬·霍金，另一位就是里斯。霍金的大名大家早就知道，里斯的大名在天文界其实并不亚于霍金，只不过他缺少科普方面的著作。霍金和里斯都在英国的剑桥大学执教。里斯也是生理上有缺陷，大罗锅，个子又矮，其貌不扬。里斯终身未娶，一心扑在学问上。天文上只要出现新鲜事物，里斯总是第一个出来点评。里斯认为，超光速喷流是一种假象，完全是由观测者的视角引起的，因为观测者和喷流的膨胀方向不是严格地垂直，而是有一个夹角。里斯设计了这样一个模型，可以算出观测者看到的是超光速c，而且是超越几倍都有可能，喷流本身的固有膨胀速度仍然是小于光速的。里斯的模型和计算实在是超出了我的科普能力。有兴趣的读者，可以阅读我的专著《观测宇宙学》，其中第八章第八节《喷流和视超光速现象》中有详细的计算过程。里斯总是具有丰富的想象力，提出新的想法和建立新的模型。据说，里斯从不做复杂的计算，也不用计算机去算题。发表的论文都很简短，但每句话都切中要害。现在，我们的学风是鼓励多写文章，写长文章。不仅作者受累，读者也受不了。

里斯的解释已被天文学家们普遍接受，喷流的超光速是一种视觉错误，因此被称之为"视超光速现象"。那么，在宇宙中观测到了真超光速的现象吗？回答是，现在还没有。

目前，主张超光速的人有那么一批，超光速的讨论也十分热烈，有关超光速的实验和报道也不时在媒体上披露。这里必须说明，我们讨论的是真空中的光速，能不能超过是指在真空中能不能超光速。就我所知，到目前为止，在实验方面没有确切的实验数据证实可以在真空中超过光速。

2000年，英国的《自然》杂志上登载了一篇文章，文章中介绍了超光速实验，完成者还是一位华人。这项实验证实，在介质中可以实现光脉冲的群速度超过真空中的光速c。这种现象科学家早就预言过，但在实验中证实还是第一次。不过，连实验者本人，年轻的华人学者王力军也认为，他的实验并不违背真空中不能超过光速的原理和相应的因果律。

活动星系核大家族

为什么叫作活动星系核

天文学家应该属于思维最活跃的科学家。早在古代，天文学家的主要任务之一便是给皇帝算命。算命者免不了编瞎话欺骗皇帝。到了近代，不好再编瞎话了，但为了哗众取宠，可以造一些名词。"活动星系核"大概就属于这样造出来的。

类星体被发现之后，天文学家对它的研究兴趣越来越浓。不久，天文学家们注意到，类星体的物理特性并非是独一无二的，和类星体相似的天体还有许多。首先，这些天体都是位于银河系之外的星系。第二，这些天体都比普通的星系显得活跃。因此，很自然地把它们通称为活动星系。到了20世纪的80年代，随着对活动星系的研究逐渐深入，发现活动星系之所以比普通星系活跃，关键在于活动星系的核心部分。核心部分有多大呢？大都连一个光年都不到，但活动星系的主要辐射能量，全都是从这不到一光年的小小区域里产生的。于是有人提出，与其叫作活动星系，还不如叫"活动星系核"更生动，英文是

active galactic nucleus，简称AGN。1986年，国际天文学联合会在中国举行第124次专题学术讨论会，主题是观测宇宙学。这是第一次在中国举行如此高规格的天文学会议，会上讨论的热门话题之一便是活动星系核。真正的活动星系核，自然应该专指活动星系的核本身，但是，核的部分所占的比例太小了。我们不妨看一看，在一个活动星系核中，核的部分究竟占多大的比例。

活动星系核和它的
强大喷流

右侧是活动星系核的结构示意图。上面那幅是整个活动星系的结构，强大的喷流从活动星系喷出，对称地喷向两边。该图的比例尺是1百万秒差距（1 Mpc），可见单个喷流的长度就达到了几百万秒差距，比银河系都大了很多。而下面这幅是将星系中心放大来看，其比例尺缩小为1千秒差距（1 kpc），核的周围是环绕旋转的气体云，包括分子气体和尘埃，那里正在形成着恒星。这两幅图清楚地显示出，真正的活动星系核只占活动星系的极小的一部分。

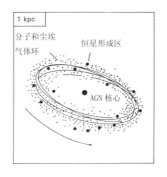

活动星系核和其周
围区域

目前，国际上流行的叫法AGN则是指整个活动星系，而并非仅仅是核心部分。

如此庞大的家族

宇宙中的各种天体，和地球上的物种一

样，五花八门。传统上，门类最多的当属变星。变星是指天空中的一类恒星，其亮度具有变化。几百年研究下来，变星的种类当在百种以上。而在现代发现的天体中，名堂最多的却是活动星系核。下面我们列出比较常见的一些类型，给出英文名，加上简单的注释。

Quasar	类星体
QSO (Quasi-Stellar Object)	类星体，Quasar和QSO在一般情况下通用，但有时前者指强射电辐射的类星体。
Seyfert 1	赛弗特星系1型
Seyfert 2	赛弗特星系2型
Seyfert 1.95	赛弗特星系1.95型
BL Lac	蝎虎座BL型天体
N(galaxy)	N星系
SRG	强射电星系
NLRG	具有窄发射线的射电星系
BLRG	具有宽发射线的射电星系
Starburst(galaxy)	正在形成恒星的星系，又被称为星暴星系。
LINER	具有低电离窄发射线区的星系
BLAZAR	具有光变和高偏振的星系，被称为闪偏星系，也被译为耀变体。
OVV	具有激烈光变的星系，多指类星体。
HPQ	具有高偏振的类星体
HII(galaxy)	具有电离氢区发射线特征的星系
MAGN	低光度的活动星系核
Warmer	具有强红外辐射的星系

随着研究工作的深入，新的种类又增加了许多。新的种类的命名，往往都是根据它的某种物理特性，例如射电噪类星体和射电宁静类星体。在新命名的各种类型中，往往有重叠的现象。它们本来属于一种类

型，但由于同时具有几种物理特性，因而也会被划归别的类型。例如，BLAZAR就包括了蝎虎座BL型天体和某些类星体等。

在所有的河外星系中，活动星系核所占的比例有多大呢？目前还缺少准确的统计数据，原因之一是活动星系核的定义还不十分确切。如果我们将具有发射线的星系都看作活动剧烈的星系，那么

晚型星系中	80%具有发射线
旋涡星系中	20%具有发射线
椭圆星系中	50%具有发射线

由此可见，活动星系核在星系中所占的比例还是相当大的。

主要成员ABC

在众多的活动星系核大家族中，我们只能摘出一两个来加以简述。

赛弗特星系　1943年，美国天文学家卡尔·赛弗特在威尔逊山天文台从事星系的红移研究。他发现有些星系具有反常的发射线，星系的中心还有一个明显的核。他当时只发现了六个这样的星系，因此并没有引起天文学家的重视。等到类星体被发现之后，人们发现这类星系和类星体的光谱非常相似，有的甚至一模一样，几乎没有区别。那么，这是一些什么样的天体呢？能不能单独成为一类呢？

说到赛弗特的发现，不能不提及苏联天文学家的贡献。在赛弗特公开了他的发现二十多年后，苏联一位天文学家本杰明·马卡良，在布拉堪天文台用口径1米的施密特望远镜进行星系巡天观测。他观测的目的是寻找蓝星系，即颜色偏蓝的星系。在当时，做巡天观测必须要拍照，拍照用的底片规定必须是柯达天文专用底片，而美国的柯达专用底片对苏联是禁运的。马卡良为了得到这种底片，只好请美国天文学家以私人名义给他带

赛弗特工作的照片

来。就在这样艰苦的条件下，马卡良发现了一批又一批的蓝星系，发表了十几个马卡良星表。人们仔细研究这些星系时发现，这些星系并不是单一类型，其中有10％与赛弗特发现的星系特征相同。这样一来，这类星系的数量大增，独成一类，于是便命名为赛弗特星系。马卡良发现的星系，被称为马卡良天体，但由于它们不是一种类型，其名称也就逐渐被人们淡忘了，除非专门讨论马卡良的星表。马卡良成全了赛弗特，却埋没了自己。

　　马卡良工作的布拉堪天文台，位于苏联的亚美尼亚共和国，是苏联当年最大的天文台之一，有一台2.6米的反射望远镜和两台施密特望远镜，分别为1米和50厘米。马卡良的工作就是在1米镜上进行的。布拉堪天文台的第一任台长叫维克托·阿姆巴楚米扬，是苏联当年最著名的天文学家之一，不仅当选为苏联科学院院士，还被授予"国家英雄"称号，他的头像甚至被印在钱币上。这恐怕是迄今为止天文学家所享受的最高待遇了。他的著作《理论天体物理学》在20世纪50年代曾被翻译成中文。

　　赛弗特星系单独命名以来，其地位的重要性日显突出。它有许多突出的特征。第一，星系中心有一个突出的星系核，明亮的星系核像一颗亮星，其大小在1 pc（3.2光年）左右。星系核所在的星系称为母星系，赛弗特星系的母星系都是旋涡星系，Sa型或Sb型。下图是一个典型的赛弗特星系NGC 7742。漂亮的核配上一个美丽的"花环"，再加上由旋臂形成的点点"花瓣"，真是一个巧夺天工的艺术品。第二，赛弗特星系的光谱和类星体非常相似，也具有明显的发射线。发射线的种类以及强弱程度也酷似类星体。第三，赛弗特星系的突出特点是红外辐射很强，几乎所有的赛弗特星系都是这样。天文学家发现赛弗特星系的手段之一，便是在红外卫星发现的红外源中去找。之前列出的活动星系核类型之一——Warmer（热星体）便常被用来发现新的赛弗特星系。红外辐射强说明在赛弗特星系中有很多热的尘埃气体，这些气体的温度并不高。奇怪的是，后来又发现大部分赛弗特星系的X射线辐射也很强。红外辐射和X射线辐射是两个截然不同的极端，前者来自温度不高的尘埃气体，后者则要求温度极高的电离气体，至少要达到百万摄氏度的量级。两者的要求看来是完全矛

一个天体物理学家（阿姆巴楚米扬）的头像被印在钱币上，这在全世界都可能是空前绝后的

典型的赛弗特星系NGC 7742像
一个美丽的花环

盾的。原来，这两种辐射来自赛弗特星系的不同部分，红外辐射来自星系周围的气体，而X射线来自活动星系核的核心区域。我们看一张NGC 1068核心的真实放大图片就会一目了然。核心产生的高温气体可以发射出极强的X射线辐射。

赛弗特星系和类星体有如此多的相似之处，那么能不能就把它看作是类星体的一种呢？学术界的确存在着这种看法。在构造类星体的光度函数时，类星体的固有光度往往定不准，无法准确判定。于是，有人就把赛弗特星系的光度函数作为类星体的本地光度函数处理。尤其是，经典的类星体概念中类星体的本身结构是看不到的，这一概念被打破以后，把它与赛弗特星系严格区分就显得更困难了。目前有一种判定方法，是根据星系本身的光度，光度大的，也就是自身更亮的被叫作类星体。光度小一些的，也就是自身暗一些的，就被叫作赛弗特星系。用星等表示的界限是，绝对星等$M = -24$。

NGC 1068及其核心区域

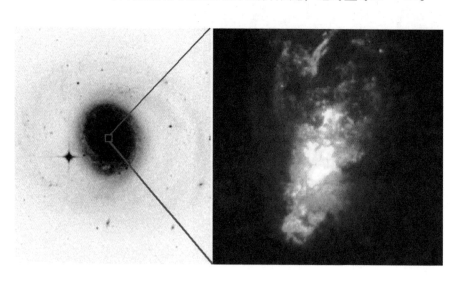

细心的读者会想，既然赛弗特星系和类星体如此相似，它们之间会不会存在着演化上的联系呢？比如说宇宙中最早形成的是类星体，类星体演化成赛弗特星系，赛弗特星系再演化成通常的星系。从事这类研究的也的确大有人在，但是，到目前为止还没有肯定的结论。下图给出了三种类型的星系：类星体3C 273、赛弗特星系NGC 5548和正常星系NGC 3277。不知道你能不能从图形上悟出一些道理来。

蝎虎座BL型天体 在众多的活动星系核大家族中，后来居上者莫过于蝎虎座BL型天体，英文名为BL Lac。这个名称的来源颇为有趣。1966年，美国天文学家弗里茨·兹维基（Fritz Zwicky）在致密星系巡天中发现了一类新的活动星系核，这类活动星系核的特点是缺乏特征，用什么名字命名都不恰当。于是，他建议用这类天体中最典型的一个成员——蝎虎座BL来命名。蝎虎座BL原被认为是一个变星。在一个星座中发现的变星，按发现顺序先用单个英文字母命名，之后再用两个英文字母。这颗变星就是这样得名的。

蝎虎座BL型天体在活动星系核中属于深藏不露者，它不仅没有任何突出的特征，甚至连发射线也很弱，或者干脆没有。因此，发现这类天体就是一件不容易的事情。

这类天体有两个特色，一是具有光变，二是具有偏振。蝎虎座BL型天体的光变十分不规则，从几个小时到几个月，而且变幅很大，甚至呈现灾变性的光变，星等的变化能达到5个星等，相当于光度变化在100倍以上。偏振是它的另一个特色，偏振

类星体、赛弗特星系和正常星系对比

类星体
3C 273

赛弗特星系
NGC 5548

正常星系
NGC 3277

BL Lac天体

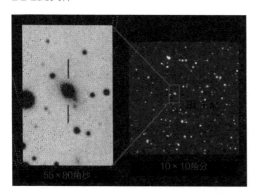

度通常能达到30％以上，偏振度的大小也有变化。

凡是具有光变和高偏振的星系，都被称为BLAZAR，中译名为"闪偏星系"或"耀变体"，我们在AGN分类中已经列出。蝎虎座BL便是这类天体中最典型的代表。

笔者费了很大的努力才找到一张BL Lac天体的照片和它相应的光谱。上图右侧是该区的照片，天区大小是10×10角分，BL Lac天体和普通恒星没有什么区别，左侧的放大像才能略微看出这是一个非恒星像。

下图是BL Lac的光谱，它的发射线非常微弱。最近发现，BL Lac天体的光谱线强度也有变化，在光极大的时期，大部分BL Lac天体还是可以拍摄到发射线的。

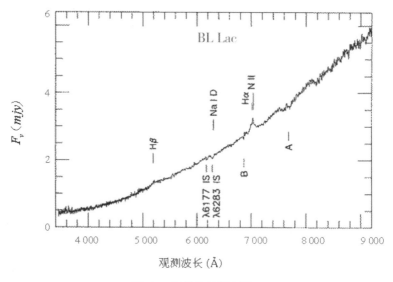

BL Lac天体的典型光谱

黑洞——类星体的发电机

什么是黑洞？

它是如何形成的？

白洞又是什么？虫洞呢？

可以利用黑洞进行时空穿越吗？

……

星空中的"妖怪"

驱车寻找妖怪

我在英国进修的两年中，除了和天文学家交往之外，还结交了一些非天文界的朋友。其中，关系最密切的一位是郑健生先生。郑先生原籍新加坡，大学毕业之后到美国工作，由于不喜欢美国的风气过于金钱化，于是转到英国，从事大型土木工程设计。郑先生的文化底蕴很厚，尤其喜欢音乐，收藏了不少名唱片。当时还没有CD，他保存的每张唱片都很珍贵。我和郑先生交往颇深，后来，还把他介绍给北京天文台的李竞研究员和卞毓麟研究员。他们在爱丁堡访问时，也都成了他的朋友。访英的两年期间，我经常到他家做客。一次，提及尼斯湖，我告诉他，我研究的对象类星体常被比喻为"monster（妖怪）"，而且就是指尼斯湖的妖怪。郑先生当即表示择日前往。

尼斯湖位于苏格兰的北部，苏格兰的英语和英格兰的英语有很大差别。刚到爱丁堡时，很难听懂当地人讲话，但比起邻近的另一座大城市格拉斯哥来，爱丁堡的英语还算容易。在格拉斯哥，你会感到当地人像是在讲广东话，一句都听不懂。苏格兰人把湖称为loch，尼斯湖叫作

Loch Ness。从爱丁堡开车到尼斯湖，行程100多千米，但由于全是在起伏不平的丘陵地上行驶，再加上我们先到苏格兰最北部的斯凯岛（Isle of Skye，又译为"天堂岛"）游览了一番，等到达尼斯湖时已是下午4点多

当年站在尼斯湖旁，虽然没有看到妖怪，但心情颇为澎湃

钟。尼斯湖是一个狭窄的长条，宽度只有100米左右，最宽处似乎也不会超过200米，但长度却有10千米以上。据称，在古冰川时期的造陆运动中，这里发生了激烈碰撞，出现了断裂错位，从而形成了裂缝状的湖泊，湖深达到100米以上。一到这里，首先给人的感觉是雾气缭绕，阴森恐怖——英国的天气本来就是阴多晴少，旅行社打广告常常是到有太阳的地方去。尼斯湖的周围森林茂密，更是终日不见天日。在这种环境中，见不到妖怪倒是反常了。我们开车沿尼斯湖走走停停，持续了个把小时。也许是尼斯湖的妖怪怯生，见了外国人害怕，始终没有露面。当地人讲，要等在那里几天几夜，才有看到的机会。如果你不信，有各种照片为证。曾经有人建议，用声呐等先进技术在湖内"扫荡"一遍，以求真伪。聪明的苏格兰人马上表示反对——这不是砸旅游业的饭碗吗？

提到郑先生，还有一点儿小的遗憾。20年后，我和夫人重访爱丁堡，在他家住了几天。他告诉我，已多年不和大陆的中国人交往了。他曾以便宜的价格将其住处一楼的一半租给了几个中国学生。一年不到，厨房、厕所和住房

被糟蹋得不成样子，只好让他们离开。

为什么非黑洞不成

把类星体比作妖怪，而且是尼斯湖中的妖怪，颇为贴切。不仅用词新奇，还可以增加想象空间。不仅如此，只有把黑洞放在类星体这个"湖泊"的中心，"妖怪"才更具悬念。

我们在前面曾谈到类星体的距离，它是根据类星体的红移，按哈勃定律计算出来的。由于类星体的红移太大，在使用哈勃定律时要做一些相对论的修正，甚至还要考虑时空弯曲的影响。总之，类星体的距离D是可以通过观测确定的。有了距离，再测量出其视亮度，也就是视星等m，用最基本的星等公式，便可以得到它的绝对星等M，即

$$M = m + 5 - 5\lg D$$

M也代表了天体的光度。结果表明，就一个普通的类星体而言，其光度往往是太阳的1000亿倍。换句话说，一个类星体发出的光和我们的银河系相当。亮一些的类星体，甚至能发出成百上千个银河系的光。

我们再来估算一下类星体的质量有多大。一个天体发出光辐射，会产生辐射压力，辐射压力需要和天体的自身引力相平衡，这时天体的状态才能稳定。正是基于这种流体静力学平衡关系，由天体的光度可以推算出天体的质量。对于类星体，按尔格/秒计算，其光度L的范围大多在

$$10^{43} < L < 10^{48}$$

由此得出类星体质量M的范围

$$10^5 M_\odot < M < 10^{10} M_\odot$$

其中$M_\odot$代表一个太阳的质量。也就是说，一颗普通的类星体，其质量等于10万个到100亿个太阳。

对于宇宙中的天体，高光度、大质量并不稀奇，关键是它的大小。我们在讨论类星体的物理特性时曾经讨论过如何测定它的直径。因为类星体过于遥远，又是点光源，直接测量其角直径是不可能的。目前唯一的测量方法是利用类星体的光变。只要天体有光变，光变周期不应该短于光穿越这个天体的时间，否则，这个周期便会被湮灭掉。若类星体的光变周期为T，直径为D，则应该

$$T \geqslant \frac{D}{c}$$

其中c是光速。由此，我们便可以得出类星体直径的上限

$$D \leqslant Tc$$

观测发现，大部分类星体都有光变，究竟有多大比例，目前尚无定论，但至少在一半以上。类星体的光变周期很不规则，周期的长短也不一致，从几个小时，一直到几年，十几年。根据上述公式，类星体的直径至多有十几光年。一个十几光年的天体能够发出一个银河系，甚至上千个银河系的总能量，而银河系的直径超过10万光年。究竟类星体是如何产能的，一直困扰着天文学家。凡是人类想不清楚的问题，往往都寄托在神鬼身上。天文学家也只好把类星体看作"妖怪"，"妖怪"了几十年，最后才让"妖怪"化身为黑洞。

类星体的中心部分仍然十分神秘，这是目前能观测到的活动星系核的最深处

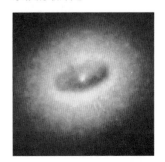

137

每颗类星体的核心都要放上一个黑洞，看起来是天文学家的创举，实则是没有办法的办法。困惑在哪里呢？如何找出一个快速而高效地产出如此多的能量的机制。一颗类星体的能量需求，按尔格/秒计算，数量级至少在10^{43}以上。在所有已知的产能机制中，最高效的莫过于热核反应。太阳产能便是由热核反应提供的。在热核反应过程中，最高的效率是将物质m全部变为能量E，以爱因斯坦的质能关系来换算

$$E = mc^2$$

根据该公式，1克物质就可以产出9×10^{20}尔格的能量。我们按一颗类星体的需求来反推需要多少物质，由于它的需求量太大，只能以太阳的质量$M_\odot$为单位，按年需求算出的结果是

$$M_\text{类} / M_\odot \approx L_\text{类} / 5.7 \times 10^{45}$$

其中，$L_\text{类}$是类星体的光度。对于一颗中等光度的类星体，如果它的光度是5.7×10^{45}尔格/秒，则它一年中需要消耗的物质$M_\text{类}$刚好是一个太阳。换句话说，这颗类星体的胃口是每年吃掉一个太阳！

从某种意义上来说，类星体每年吃掉一个太阳的故事纯粹是天文学家们编造的，因为从观测的角度，没有找到任何直接的证据。因此，有的天文学家直到今天仍然持怀疑态度，他们把这一难题称为"能量预算"问题。显然，用常规方法无法解决能量预算，只好采用魔法，把黑洞这个"妖怪"搬将出来。

黑洞的由来

像中国的封神榜一样，先把各路神仙封定，哪里需要，就让其出现在哪里。黑洞也是一样，尘封在那里数百年，由于没有需求，也就无人问津。到了20世纪的60年代，以类星体为代表的一系列新的发现无法得

在牛顿的苹果树
旁留影，这棵小
树不可能是"原
物"，但身后的
古老建筑却有几
百年的历史了。
牛顿曾在这里工
作过

到圆满的解释，只好把黑洞请了出来。一时间，黑洞越炒越热，天文学家们千方百计地去寻找黑洞，物理学家们挖空心思去探究黑洞的物理本质，甚至出现了黑洞物理学。

黑洞概念的提出源自艾萨克·牛顿的万有引力定律。我在英国进修期间，曾到剑桥大学访问。在那里有一棵不大的苹果树，被告知是牛顿当年看到的苹果落地之树。虽然原树早已死亡，但新树还是在原地栽植的。据说，牛顿本人并不否定是由于看到苹果落地而想到万有引力。不过，牛顿看到的那棵苹果树应该在乡下，牛顿年轻时曾在那里躲避过瘟疫。不知什么年代，这棵树被移植到了剑桥大学，而且更新了几代。

牛顿出生于伽利略逝世的1642年，18岁考入剑桥大学的三一学院，毕业后致力于数学、力学、光学诸方面的研究。由于成果卓著，26岁便成为剑桥大学的教授，30岁成为英国皇家学会的会员。牛顿的最大成就无疑是万有引力定律。1687年，划时代的巨著《自然哲学之数学原理》出版，详细地阐述了万有引力定律的全部内容。这年，牛顿45岁。

万有引力定律究竟是如何发现的？其实，真正的功劳来自天文学。牛顿所处的时代，正值天文学的大革命，尼古拉·哥白尼的学说刚刚取得胜利，人们都在关注天体的运动。约翰内斯·开普勒继承了他的老师、丹麦天文学家第谷·布拉厄的观测资料，从中得出了行星绕太阳运动的三大定律。然而，大家不清楚是什么力量迫使行星绕太阳这样运动。关键之处是这种强迫力还必须与两个天体之间的距离平方成反比。首先证明这一点的不是牛顿，而是罗伯特·胡克。牛顿的朋友埃德蒙·哈雷赶紧将这个消息告诉牛顿，牛顿说他早已胸有成竹，于是，将论文《论运动》寄给了哈雷。论文中从中心引力出发，导出了开普勒的三大定律，尤其是行星运动的轨道不应该是圆，而是椭圆。随后，牛顿在另一篇论文《论物体的运动》中，又给出了中心引力的具体形式——不仅与两天体间的距离平方成反比，还与它们的质量乘积成正比。这便是万有引力定律的完整表述。

　　谈到万有引力定律，引起了我的一段苦涩的回忆。"文化大革命"后期，大学恢复了招生。最初的几批学生，都是工农兵大学生。这些学生高中都没有毕业，有的连初中都没有上过。我当时教他们力学，难度之大，可想而知。当时人们的信条是，只要有革命的精神，任何困难都可以克服。为了理论联系实际，我在讲解引力定律时结合了开普勒的行星运动，由开普勒的三定律推导出万有引力定律。牛顿当年是如何推导的，我一时查不到，只能自己推导。大概用了两天时间，全部推完，自己感到很得意。为了使同学容易接受，我尽量用初等数学，并简化推导步骤。他们是天文系的学生，这不是最好的"和实际相结合"吗？没有想到，这件事竟给我惹来了麻烦。工农兵上大学，使停课多年的学校有了一点儿生机，但不久又搞批判"右倾翻案风"。同学的革命热情又掀了起来，寻找"回潮"和"翻案"的事件进行大批判。我当时的处境本来就是一个"资产阶级知识分子"，运动中已经挨过批判，各种大字报中我常常被不点名地点名。一时间，我的课成了"回潮"的典型，"玩弄数学游戏""用资产阶级的一套教学方式吓唬工农兵学员"……原本想紧跟"潮流"，没想到还是没跟上。

由牛顿的万有引力定律推导出黑洞，一般教科书都认为是出自法国的数学家和天文学家皮埃尔–西蒙·拉普拉斯。牛顿的故乡居然没有人想到黑洞。于是，英国人找出了一位天文爱好者，名叫约翰·米歇尔，据说他关于黑洞的想法比拉普拉斯早了十多年。米歇尔原本是一位牧师，1783年，他向英国皇家学会提交了一份报告。根据牛顿的引力理论和光的微粒理论，米歇尔做了一番计算。把光看作是一个微小的粒子，它也应该受引力的作用。天体的引力如果足够大，则粒子会逃离不出去。如果保持太阳的密度，只要有一个比太阳的直径大500倍的天体，就可以做到这一点。这样一个天体的大小刚好占满整个太阳系。由于米歇尔的天才想法，他成了英国皇家天文学会的特别会员。

拉普拉斯于1796年同样根据牛顿的万有引力定律计算出一个天体可以连光都发不出来。拉普拉斯的计算和米歇尔类似，只是以太阳为例。他推导，如果太阳的直径放大250倍，而密度与地球类似，太阳就可以变成一个发不出光的天体。与米歇尔不同的是，拉普拉斯是一位大科学家，数学和天文学并重，著名的拉普拉斯方程就是表述天体引力势函数的一个偏微分方程。他在1796年出版的《宇宙体系论》中，讨论了太阳系的起源问题，认为太阳系是由一团星云演化而成的。这是最早从科学角度讨论天体的起源的书籍。拉普拉斯的黑洞概念也是在这本书中阐述的。1816年，拉普拉斯当选为法兰西科学院院士，后出任院长。据说，他还担任过拿破仑政权的内政部长，不过只当了六个星期。

无论是米歇尔，还是拉普拉斯，他们提出的黑洞概念并没有引起人们的注意。虽然米歇尔还提出了寻找不能发光的天体的方法——如

拉普拉斯，法国数学家和天文学家。他基于牛顿力学，最早提出了黑洞概念

果碰巧这种天体和一个发光的天体组成双星，就可以通过发光的伴星找到这种天体；但是，接下来的将近二百年中，黑洞天体的想法无人问津。

科学发展的需求是多方面的，有的需要马上创新，有的则可以把前人的成果继承下来，加以改进和提高。到了20世纪60年代，为了解释近代天体物理学的一些新发现，似乎只能求助于黑洞，于是天文学家们开始频繁地讨论发不出光的天体。1967年12月23日，美国天文学家约翰·惠勒在一次讲课中，首次使用了"黑洞"这一名词。从此，"黑洞"这个称谓一炮打响，成了最时髦的科学名词，不仅在天文学和物理学中被广泛使用，甚至成了描述社会现象的词汇。

黑洞的前世与今生

恒星的演化

一个人生下来是偶然的，死去却是必然的。这样一个简单的道理应该人人都知道，但是，想长生不老的人却大有人在。中国古代的皇帝中，崇尚炼仙丹求长生不老者，数以十计。太阳照亮世界，也不能摆脱死亡的必然。恒星死亡之后，会有各种归宿，我们关心的是其中的一种——怎样的恒星死后会形成黑洞。

到目前为止，天文学家仅大致知道了普通黑洞，即由恒星形成的黑洞的形成过程。一颗恒星的一生是光辉灿烂的，在它大部分的生命过程中光芒四射，照耀着宇宙和它周围可能存在的生灵。不过在光辉的一生中它也会经历许多坎坷和磨难，主要表现在恒星的诞生阶段和临近死亡阶段。

所有的恒星都是从一团混沌的气体中诞生的。古人对宇宙和日月星辰的诞生总是冥思苦想。著名爱国诗人屈原在《天问》中怀着悲愤的心情质问苍天，同时也陈述了他对天地生成的看法。他在《天问》中写道："曰，遂古之初，谁传道之？上下未形，何由考之？冥昭瞢暗，谁能极之？冯翼惟像，何以识之？明明暗暗，惟时何为？阴阳三合，何本何化？圜则九重，孰营度之？惟兹何功，孰初作之？"

翻译成白话是：

"请问：关于远古的开头，谁个能够传授？那时天地未分，能根据什么来考究？那时是混混沌沌，谁个能够弄清？有什么在回旋浮动，如何可以分明？天底的黑暗生出光明，这样为的何故？阴阳二气，掺和而生，它们的来历又在何处？穹隆的天盖共有九层，是谁动手经营？这样一个工程，何等伟大，谁个是最初的工人？"

动手营造宇宙工程的是自然，具体描述这一过程的是天文学家。宇宙中的气体星云很多，但并不是所有的气体团都能演化成恒星。必须是由于某种原因，这些气体脱离静止状态，由静到动，在相互引力的作用下逐渐收缩，越收缩，内部温度越高，最终演化为恒星。

成为一颗恒星的标志是这团气休的核心部分山现了热核反应。这是一个质的变化，它要求核心温度高达500万摄氏度。刚诞生的恒星还不太稳定，仍会慢慢收缩，当其核心的温度达到1500万摄氏度时，热核反应大规模地进行，恒星不再收缩，开始稳定地发光，我们的太阳正处在这个阶段。

一颗中等的恒星大约可以安稳地生存100亿年。下页图显示的是一颗中等质量恒星——太阳——一生的全过程。这样一张简单的图画，表示的却是100亿年的时间历程。美国人为了给后人留下不会遭到破坏的珍贵资料，曾经特意制造了一个保险柜，叫作"时间胶囊"，装入各种物品和资料，包括阿尔伯特·爱因斯坦写给未来人类的信，然后将其埋在很深的地下，准备5000年后打开，让未来的人类亲眼看一看我们这一代人的手迹和想法。这件工作可称得上是保存历史、为后人着想的"杰作"。如果为了验证一颗恒星的演化，我们也用这种聪明的办法，把目前恒星的资料装进"时间胶囊"里，那就要等几十亿年以后才

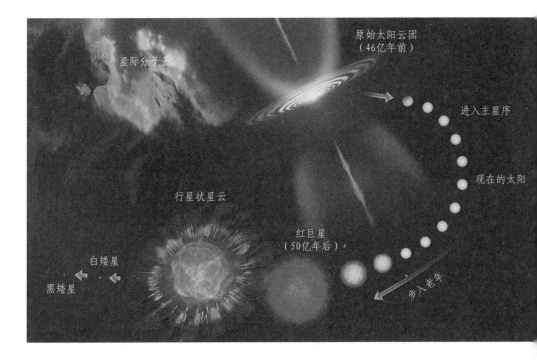

星际分子云

原始太阳云团
（46亿年前）

进入主星序

现在的太阳

行星状星云

红巨星
（50亿年后）

步入老年

白矮星

黑矮星

一颗中等质量
恒星（太阳）
的演化全过程

能打开它。

　　恒星一生的经历显然不能用一颗恒星去验证。天文学家用的方法很简单——研究各个年龄段的恒星，加在一起分析，得出恒星演化的全过程。像太阳一样的恒星，最终会演化为白矮星，白矮星再慢慢地演化为黑矮星，从我们的视野中消失。

黑洞是怎样形成的？

　　太阳是不会形成黑洞的。只有那些大质量的恒星死亡之后才有可能形成黑洞。恒星的死亡过程十分复杂，无论从理论上，还是从观测上，都是现代天文学中最具挑战性的研究课题之一。

天狼星和它的白矮星伴星，天狼星必须过度曝光，才能显示出它的小伙伴来

恒星衰老的标志是其内部的热核反应越来越弱，一直到熄灭为止。恒星死亡之后主要有三种归宿：白矮星、中子星和黑洞。恒星在漫长的一生中一直在不断地损失质量，最后剩下的质量往往已经不大。但是，所剩质量的多少十分重要，它决定了恒星最后的归宿。

如果星体最后的质量不到1.4个太阳质量，便最终演化为一颗白矮星。1.4个太阳质量的限制，叫作钱德拉塞卡极限，是由著名的理论天体物理学家苏布拉马尼扬·钱德拉塞卡首先推出来的。钱德拉塞卡1910年出生于印度的拉合尔（Lahore，今属巴基斯坦），幼年即表现出卓越的学习才能，在大学期间就阅读了当时的许多物理学专著和论文。他20岁时以全班第一的成绩毕业于马德拉斯大学，随后从孟买乘船前往英国继续深造。据说，他在三个月的航海中，为了克服晕船之苦，一心在思考白矮星问题。

第一颗被证认的白矮星是天空中最亮的恒星——天狼星的伴星，它是由美国天文学家沃尔特·亚当斯于1915年证认的。白矮星一经证认，立即就引起了轰动。原因是它和天狼星是一对双星，根据双星的运动，很容易算出每颗子星的质量。这颗伴星的体积比天王星还小，它的密度却高达53 000 g/cm^3。这在当时简直是不可思议的。如此高密度的物质，体积又小，白矮星的表面引力必然很强。根据当时流行的星体状态平衡理论，白矮星是无法维持稳定的。钱德拉塞卡利用刚提出的简并态的理论，认为用简并的电子气便可以顶住强大的引力。不仅如此，他更提出，白矮星的质量有一个上限，即1.4个太阳质量，超过这个质量，便不再能形成白矮星。

钱德拉塞卡的见解激怒了当时的天文学权威阿瑟·爱丁顿。

1935年1月，钱德拉塞卡刚刚毕业于剑桥大学三一学院的理论物理研究所，应邀在英国皇家天文学会做报告。爱丁顿当场对他的报告多次表示强烈的反对，并当众撕掉钱德拉塞卡的论文，说他是一派胡言。爱丁顿是研究恒星大气物理的权威。根据爱丁顿的理论，与引力抗衡的力只能是恒星大气的气体压力和辐射压力。质量多大的星球，都可以达到平衡。为什么白矮星会冒出个1.4个太阳质量的限制呢？爱丁顿不懂得自由电子可以"手拉手"，携起手来便能增强抗压力，这在经典物理里是不可思议的。更重要的是，电子的这种抗压力有一个限度，超过这一限度，"手拉手"也没有用了。

保守的英国科学界接受不了钱德拉塞卡，他很快就到了美国的芝加哥大学任教。在那里，他的才能得以发挥。除了在科学方面的诸多成就外，他还兼任《天体物理学报》的主编长达20年之久，使该杂志成为世界上最权威的天文学杂志之一。钱德拉塞卡还是一位诲人不倦的学者，他培养的博士生超过50人。他曾每周驱车数百千米为两名中国留学生上课。这两位年轻人后来因宇称守恒定律的研究而获得诺贝尔物理学奖，他们就是杨振宁和李政道。

钱德拉塞卡的荣誉是晚到的，辞去《天体物理学报》的职务之后，钱氏只任芝加哥大学的教授。在竞争和求实的美国社会，其地位每况愈下。1983年10月19日，钱氏收到了瑞典皇家学院的通知，他获得了当年的诺贝尔物理学奖。而这一天正是他的73岁生日，其激动之情可想而知。他的获奖就是靠了"1.4"，这恐怕是诺贝尔奖历史上最简单的数字了。钱氏在颁奖仪式上照例发表了演说，演说的最后一句话便是"简单是真理的标志，而美是真理的光辉"。

星体自身的引力随质量的增加而增加，当星体剩下的质量超过太阳质量的1.4倍时，以电子为主体排陈的恒星便无法阻挡住引力的压迫，白矮星宣告终结，随之而生成的叫作中子星。顾名思义，中子星主要由中子组成。原来，在更大的引力下，电子被压回到原子核中，形成大量的中子。中子和电子一样，也可以"手拉手"地排成阵列，与外来的压力抗衡，这便是中子星。中子星能抗衡的引力只能到3个太阳质量，也就是说，3个太阳质量是中子星的质量上限，超过3个太阳质量，由中子组成的阵列也无法抗衡自身的引力收缩了。应当指出的是，中子星的质量上限不像白矮星那么严格，3个太阳质量只是一个大约值，原因是中子的物理状态比较复杂，它们排列起来的抵抗力也有不同。物理大师李政道曾提出反常核态的概念，由反常核态可以得出反常中子星。不过，反常中子星还没有被观测所证实，而李政道的反常核态概念后来也曾被人质疑。总之，中子星的质量极限不是十分严格，但无论哪种状态，其上限不会超过4个太阳质量。因此，习惯上仍沿用3个太阳质量。

星体死亡后的剩余质量超过3个太阳质量时，星体本身再没有任何力量去与星体的自身引力抗衡。引力的大小与物质间距离的平方成反比，距离越小，引力越大。星体越收缩，引力越增大，而且是几何级地增大。这样一来，星体的收缩呈自由落体般的态势，毫无阻挡地进行下去。只要收缩的界限超过视界面，观测者再也无法看到星体的收缩，这颗恒星便成为了一个黑洞。形成黑洞之后，星体的物质还会继续收缩，不过那是黑洞内部的事情了。

危险的幽灵

宇宙中有一些黑洞，原本不一定十分可怕。常言道，惹不起，可以躲得起。只要我们远离黑洞，和它保持足够的距离，超出了黑洞的强引力范围，就不会有任何危险。但是，凡属恶魔类的东西，总有恶魔般的招数。人人都知道毒品不好，可吸毒者仍然"前赴后继"。黑洞也许是在向恶魔学习，掌握了一套自身壮大的本领。

　　宇宙星际间的物质密度比地球上的真空还要稀薄。单独的黑洞生活在宇宙中，无依无靠，没有任何物质可以"进食"。换句话说，黑洞的引力场虽然很强，但不会自然增加，也不会对周围的宇宙造成任何危害。不过，黑洞是一个不甘寂寞的天体，忍不住自己的孤独，总要设法找一个天体为伴。就像某些寄生虫，从宿主的身体中吸食血肉和营养，不断壮大自己。在这个过程中，寄生虫的吸食能力也越来越强，吸食速度越来越快。等到宿主死亡，寄生虫并不会罢休，会继续找寻下一个宿主。

和黑洞结伴是很危险的，当伴有黑洞的双星演化为密近双星时，黑洞会不停地吞噬其伴星的物质

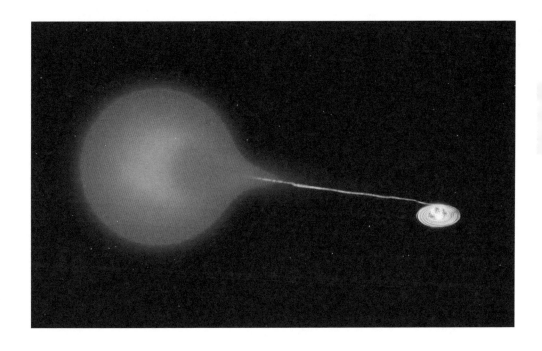

黑洞在银河系中游荡，四处寻找猎物

原来，一些黑洞在银河系中到处漫游，甚至可以穿越银河系，从上翻到下，或者从下翻到上，上图是一幅黑洞漫游的示意图。如果黑洞从我们的太阳附近经过，那实在是太危险了！

黑洞不黑

人类社会提倡平等与和谐，社会要进步，有消耗，还必须有创造。社会如此，宇宙也是如此。我们的宇宙存在了100多亿年，在整体上也必须要求它处于和谐状态，否则，宇宙也会被瓦解掉。黑洞成为了制造宇宙不和谐的最大杀手。不难想象，宇宙中游荡着一批黑洞，每一个黑洞都是光"吃进"，不"吐出"。久而久之，宇宙中所有的物质都会掉进黑洞中，包括所有发光的恒星，整个宇宙会变成黑暗世界。看来，宇宙生存的关键是制服黑洞。

深入研究黑洞物理本质的人不是天文学家，而是物理学家。英国曾造就了物理学家艾萨克·牛顿，在牛顿万有引力定律的指引下，天文学得以发展。天文学家伽利略逝世300周年那一天，1942年1月8日，英国又诞生了一位划时代的物理学家斯蒂芬·霍金。霍金已经誉满全球，他的出名不仅仅是因为他在科学研究方面的成就，更因为他许多传奇的经历。霍金选了一个最令人感兴趣的研究对象——黑洞，写了一本最时髦的科普读物——《时间简史》，得了一种最奇怪的病——"卢伽雷氏症"，这三件事的每一件都是一部传奇。他得的是一种肌肉萎缩病，英文叫ALS（amyotrophic lateral sclerosis），由于美国著名棒球手卢·伽雷曾得过此病，因此又被称为"卢伽雷氏症"。此病世间少有，凡得此病者，皆无法医治。霍金在大学毕业前患上此病，年仅20岁。大夫告诉他，他只能再活两年。绝望中的霍金遇到了一位知心的女友，他的第一任妻子简·瓦尔德。23岁时他与简结婚，这时的霍金已经行动不便，走路时不得不依靠拐杖。简对霍金一心不二，还为他生了三个孩子。

教授的工资一般都不高，中国是这样，外国也是这样。教授应该是以知识作为财富，不能用钱去衡量。世界上，英国的教授最金贵，一个学院或者一个研究所，只能设一个教授。这位教授退休或者离去，才能再补上一位教授。霍金的研究工作太出色了，而教授的位置又没有空缺，无奈之下，剑桥大学为他特设了一个教授职位，叫作"引力物理学教授"，当时霍金只有35岁。在此三年前，他已经当选英国皇家学会会员。在英国这样一个注重传统的保守国家，年纪轻轻便获此殊荣，实为罕见。不仅如此，霍金于1979年又获任第十七届英国剑桥大学的卢卡斯数学教授。这个职位1633年由亨利·卢卡斯出资设立，后来成为英国最高学术水平代表，相当于英国的诺贝尔奖。霍金还于1982年和1989年两次获得英国王室授予的勋章。1989年那次还是由英国女王亲自颁发的。

我在英国的两年期间，亲身感受到英国王室的影响力。法律上，王室已经没有行政权力，但几乎所有的英国人都对王室抱有好感，包括我所在的爱丁堡的居民，那里本是与英格兰有对抗情绪的苏格兰首府。王室的影响力靠的是女王的个人魅力。她从来都是行善事、讲道德，被国人视为楷模。知名的大学和研究所，会客厅里经常挂着女王视察的照片。英国女王亲自为霍金颁发勋章，霍金当时的妻子简代表霍金接受了勋章。而霍金本人由于不能说话，只能用打字方式，通过语言合成器表示感谢，然后送给女王一本按有自己指纹的《时间简史》。

霍金的《时间简史》被译成40多种文字，发行量超过1000万册，大概创下了天文科普读物之最。这本书不仅使霍金名满全球，而且为他带来一笔可观的收入。靠出书赚钱，一般只能是文学作家。在英国，还有一位靠写科普书赚钱的天文学家，就是弗雷德·霍伊尔（Fred Hoyle）。他写了大量的天文科普读物，其中有代表性的一本——《物理天文学前沿》，由我和上海天文台的赵君亮译成中文。

霍金的个人生活也极具传奇性，他身体如此之差，仍能生儿育女。成名后的霍金身体状况日益下降，医生多次画出他的生命终止符，后来，其语言能力也几乎完全丧失。但是，霍金的生命力却表现得越来越旺盛，不仅坐着轮椅走遍全世界，还到太空游了一圈。据说，能听懂他的话的人没有几个，其中就有他的妻子和女护士。然而，在这样一个小圈子里仍然可以产生三角恋，霍金和简离婚，和他的护士结婚。前不久，霍金又和第二位妻子离婚。最近，霍金又出了一本新书，封面上居然又登了一位新女友。不知这位天才大师会不会爆发第三次活力。

我在英国期间，曾到剑桥大学访问，有幸聆听了一次霍金的学术报告会。霍金出场时坐在轮椅上，面部毫无表情，由别人代他做报告，他独自一人坐在那里。场面似乎也不是很热烈，听众也没有那么激动，我也忘了同他合一张影，很是遗憾。同样遗憾的还有北京师范大学。1985年，霍金首次访华，是由北京师范大学物理系邀请的。霍金不仅做了多次报告，同学还把他连人带轮椅一起抬上了长城。物理系留下的照片也很少，后来媒体报道霍金访华时，大多把这次给遗忘了。

霍金在学术上的贡献几乎全都在黑洞方面，其中，精华所在就是"黑洞不黑"。有关"黑洞不黑"的物理机制我们在后文中再详细讨论。

石头黑洞

石头黑洞

黑洞的引力场极强，其周围的时空是弯曲的。只有用相对论才能解释清楚黑洞，因此真正的黑洞应该是爱因斯坦的黑洞。

科学的发展有时就像小孩捉迷藏一样，时隐时现。艾萨克·牛顿的万有引力定律和力学三定律是如此之完美，从天上到地下，可以解释一切。在牛顿看来，唯一不能解释的只有太阳系当初为什么会动起来。他百思不得其解，只好让上帝在开始的时候推它一把。英国著名诗人亚历山大·蒲柏曾写下诗句来赞美牛顿：

自然界和自然界的规律隐藏在黑暗中，

上帝说："让牛顿去吧！"

于是一切成为光明。

上帝也没有想到，牛顿带来的光明只能维持在有限的时空中，到了更广阔的宇宙空间，能够带来光明的是阿尔伯特·爱因斯坦。

据说，孩提时代的爱因斯坦并不那么聪慧，中学毕业后考入瑞士苏

少年时代的爱因斯坦，没有人会想到他日后会成为伟大的科学家

黎世联邦理工学院的教育系学习。进入大学之后的爱因斯坦开始展现才华，读遍了当时的物理和数学名著，为他以后的科学研究打下了坚实的基础。

1902年，大学毕业的爱因斯坦好不容易找到了一份工作，在伯尔尼的发明专利局当了一名三等职员。但就是这项工作，激发了他的智慧灵感。由于是专利局，接触的都是各种专利申请和有关最新科技的探讨。爱因斯坦从中受到了启发，在短短几年中，连续发表具有开拓性的论文。到了1905年，一年中他发表了四篇论文，每一篇都达到了诺贝尔奖的水平。其中的《论运动媒介的电动力学》提出了相对论的重要观念，后来形成狭义相对论。这一年，爱因斯坦只有26岁。

到了1915年，爱因斯坦不满足于狭义相对论的局限性，又大胆地提出了广义相对论。如果说狭义相对论是爱因斯坦继承和归纳了许多别人的工作，广义相对论则是他一人独辟蹊径。广义相对论于1916年3月20日正式发表在德国的《物理学年鉴》上，题目是《广义相对论基础》。论文系统地概括了广义相对论，后单独成文，成为爱因斯坦的第一本专著。

狭义相对论对许多人来说都难以接受，广义相对论带来的更是雾水一团，大家从牛顿带来的光明中重归黑暗。于是，有位诗人仿照蒲柏的诗句来"歌颂"爱因斯坦：

但不久，

魔鬼说："让爱因斯坦去吧！"

于是一切又重新回到黑暗中。

的确，爱因斯坦最伟大的科学贡献——狭义相对论和广义相对论，虽然把牛顿的光环摘掉，但却没有给爱因斯坦带来任何光明。广义相对论真正开始闪光是在它创建半个世纪之后了。

爱因斯坦创建相对论时正值第一次世界大战。广义相对论刚刚问世，正在前线服役的卡尔·史瓦西便给爱因斯坦写信，寄来了他对爱因斯坦场方程的解。信中，他给出了球形物体周围时空特性的严格数学解。计算表明，任何质量的物体都存在着一个临界半径，如果把物体的质量挤压在临界半径之内，则时空的弯曲程度将会把它与外界隔绝开来。不仅物质，连光都无法从中逃脱出来。这个临界半径后来被称为"史瓦西半径"。这样的天体孤立于人们的视野之外，自然就是黑洞了。

我们可以从原初的万有引力定律导出黑洞要求的物理条件。考虑一个质量为m的小物体，处在一个天体的表面，天体的质量为M。物体想要离开天体，其动能必须能克服天体的引力势能，也就是至少要满足

$$\frac{1}{2}mv^2 = G\frac{Mm}{r}$$

上式中，左边是一个物体的动能，右边是该物体的势能，v是物体的速度，G是万有引力常数，由此得出

$$v = \sqrt{\frac{2GM}{r}}$$

这就是通常所说的一个天体的逃逸速度。将地球的半径r和质量M代入上式，得出

155

$$v_{\text{地}\odot} = 11.2 \text{ km/s}$$

这就是逃离地球的第二宇宙速度。如果有一个天体，它的质量M足够大，或者r足够小，使得逃逸速度达到光速c，即令$v = c$，便很容易得出

$$r_s = \frac{2GM}{c^2}$$

这时，r_s的意义显然就是黑洞的半径。该公式还告诉我们，任何一个有质量的天体，都可以压缩成为黑洞。这个公式和相对论推出的简化公式完全一样。

史瓦西当年得到的爱因斯坦方程的解相当复杂，被认为是爱因斯坦方程最完备的一个解。爱因斯坦本人立即把这个解提交给了普鲁士科学院，时间是1916年初。将史瓦西的解加以简化，就可以得到和上式完全一样的公式。因此，后人把上式中的r_s称为"史瓦西半径"，把这样的黑洞称为"史瓦西黑洞"。

卡尔·史瓦西，第一位给出爱因斯坦方程完备解的人

真正的黑洞本来是从爱因斯坦的广义相对论导出的，但爱因斯坦本人并不喜欢黑洞。他非常欣赏史瓦西的工作，但对由此推出的黑洞却绝对不能接受。一直到了20世纪的50年代，许多物理学家和天文学家都开始认可黑洞存在的可能，爱因斯坦仍坚持那是"不允许的"。基普·索恩在其著作《黑洞与时空弯曲》中，谈到爱因斯坦对黑洞的态度时写道，"他的头脑里有一块打不破的石头，遮住了真理"。的确，爱因斯坦的性格像一块石头，他的看

法从来不为别人动摇。当年，他和同时代的大物理学家尼尔斯·玻尔，就量子力学是否是完备的争论了几十年，互不让步，无果而终。到了晚年，爱因斯坦又走入了统一场论的死胡同，他硬是要把自然界的所有作用力都统一在他爱因斯坦的帐下，为此他一直奋战到生命的最后一刻。1955年4月17日是个星期天，生命垂危的他病情有所好转，就立即要求大夫把他的统一场论文中一页还没有计算完的稿纸拿来，想继续算下去。次日凌晨1点15分，上帝便夺去了他的生命。

我在德国访问时得知，"爱因斯坦"（Einstein）德文的原义是"一块石头"。我查遍国内有关爱因斯坦的文章，似乎没有人提到这一点。因此，虽然爱因斯坦不喜欢黑洞，我还是给本篇冠以《石头黑洞》，以彰显爱因斯坦坚忍不拔的科学精神。

形形色色的黑洞

根据上述的史瓦西公式，读者自己都可以算出，任何一种物体想变成黑洞，必须将自身压缩成多大。我们不妨列一个表。

各种物体的史瓦西半径和引力参数

物体	质量	本身大小（r）	史瓦西半径（r_s）	r_s/r
原子	10^{-25} kg	10^{-8} cm	10^{-51} cm	10^{-43}
人体	100 kg	1 m	10^{-23} cm	10^{-25}
地球	10^{25} kg	10^4 km	1 cm	10^{-9}
太阳	10^{30} kg	10^6 km	3 km	10^{-6}
白矮星	$1\,M_\odot$	10^4 km	1 km	10^{-4}
中子星	$1\,M_\odot$	10 km	1 km	10^{-1}
星系	$10^{11}\,M_\odot$	10^5 光年	10^{-2} 光年	10^{-7}

表中的数据表明，我们的地球要想变成黑洞，必须压缩到半径只有1厘米，而太阳则需要压缩到半径只有3千米。表中的r_s/r被称为引力参数，是史瓦西半径r_s与物体半径r之比，它是物体致密度的量度。引力参数越接近于1，物体就越接近于黑洞状态。

通常可以将黑洞分为三大类：

巨黑洞　　　giant black hole

普通黑洞　　normal black hole

微黑洞　　　minimal black hole

巨黑洞是星系量级的黑洞，尤指我们的类星体，每个类星体的核心都有一个巨黑洞。至于普通的星系，目前认为有相当的比例也在中心埋藏着一个黑洞。近年来，对银河系中心黑洞的研究非常活跃。几乎可以确定，在我们自己星系的中心也存在着"妖怪"，只是对"妖怪"的大小和影响力没有研究清楚。有一点尽可放心，银河系是一个松散的旋涡星系，体积庞大，中心黑洞对远处天体的作用力十分微弱。至于我们的太阳系，则完全不用担心。

黑洞往往和一个正常恒星组成一对双星

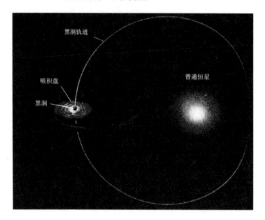

普通黑洞是指恒星量级的黑洞，这些黑洞应该大量地存在于我们的银河系之中。通常讨论最多的，就是这类黑洞。如果是一个单独的黑洞，独自在宇宙中游荡，目前我们是无法对它进行探测的。因此，银河系中究竟有多少黑洞，仍然是个谜。

微黑洞是指质量很小的黑洞，但小黑洞并不意味着是幼小的黑洞，恰恰相反，微黑洞往往是老年的黑洞。当黑洞不能"吃"进物质时，它的质量会不断地减少。越老的黑洞，质量越小，最后甚至会萎缩成只有一个原子的大小。

宇宙中的天体多种多样，难以严格分类，黑洞的分类方法也只是粗略的。观测发现，在许多星系团中也存在着黑洞，尤其是球状星团，中心部分必须有一个黑洞，才会有足够强的引力，使成千上万的恒星都密集在中心。球状星团黑洞的质量估计为几百个到几千个太阳质量。

其实，宇宙也有形成黑洞的可能，宇宙的引力参数达到了17。也就是说，宇宙作为一个整体，其物质密度已经远远超过了黑洞的要求。我们的宇宙不必做任何压缩，本身就是一个黑洞。如果一个观测者站在我们的宇宙之外，他是无法看到我们的宇宙的。可见，我们的宇宙是一个与外界隔绝的超级黑洞。如果真的有大宇宙存在的话，则大宇宙中应该飘浮着一个个彼此不相往来的宇宙黑洞。

如何寻找黑洞？

眼见为实，不相信存在黑洞的绝不止爱因斯坦一人。直到今天，仍然有许多科学家对黑洞的存在持怀疑态度。

由于黑洞不辐射任何电磁波，因此寻找黑洞的方法只能是间接的。有一个电视连续剧，名字叫《黑洞》，把贪污犯的贪婪形容成黑洞。警察为了挖出"黑洞"，只能从"黑洞"四周的各种蛛丝马迹入手。天文学家和警察一样，也只能查找黑洞周围的各种线索。黑洞虽然自身不辐射电磁波，但黑洞在"吸食"周围的物质时，它的周围会辐射出X射线。因此，天文学家寻找黑洞的第一步，便是查找能发出X射线

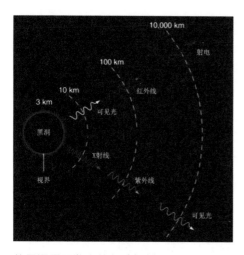

从黑洞周围发出的各种辐射，天文学家感兴趣的是X射线

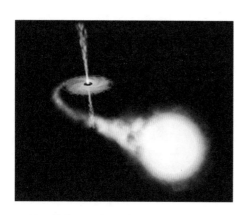

和黑洞结伴是很危险的，当伴有黑洞的双星演化为密近双星时，黑洞便会不停地吞噬其伴星的物质

的天体。

黑洞为什么能发出X射线呢？这是一个非常复杂的物理过程，到现在仍然没有完全研究清楚。概括地说，物质在掉进黑洞之前的过程中会加速运动，粒子间剧烈碰撞，产生极高的温度。在如此高的温度下，就会激发X射线。因此，X射线并不是从黑洞里面发出的，而是从黑洞周围发出的。

如果是一个孤零零的黑洞，周围没有可"进食"的物质，也就不会发出X射线。单独的黑洞发不出任何辐射，也就无法被探测到。当黑洞和一个普通的恒星结为双星时，情况就会发生变化。开始时，两颗星远远地相互绕转，彼此相安无事。随着时间的推移，两颗子星间的距离有可能拉近，一旦成了密近双星，便会出现物质交流，就像两者之间搭了一座桥梁一样。如果两颗子星都是普通的恒星，物质交流就会有来有往。但如果其中一个是黑洞，就会变成单向流，黑洞不停地吸食伴星的物质，在自己的周围形成吸积盘。吸积盘内的物质不停地掉入黑洞，同时发出X射线。

寻找天上的X射线源，目前主要靠

专门的天文X射线卫星。当一个个的X射线源被发现之后，天文学家的任务就是利用地面的光学望远镜对它们进行查证，证认出这些X射线源究竟是什么天体。出于寻找黑洞的目的，我们感兴趣的是银河系内的X射线天体。进一步的工作是在这些天体中，辨认出哪些是双星。

发出X射线的双星不一定都包含着一个黑洞。必须对X射线双星做深入的物理剖析，计算出双星中每一个子星的质量。如果有一个子星的质量相当大，超过了3个太阳的质量，而且自身不发普通的光的话，这个子星就应该是一个黑洞。

归纳起来，寻找黑洞的关键步骤是：

第一，查找X射线源；

第二，证认X射线双星；

第三，计算双星的物理特性；

第四，判断黑洞的存在。

目前，天文学家用这套方法已经发现了不少的黑洞。最著名的有天鹅座X-1，即位于天鹅座方向的编号为1的X射线源。天鹅座X-1是一个非常强的X射线源，早在1965年X射线卫星上天之前就被火箭探测到。1971年初，刚刚上天的第一颗X射线卫星"乌呼鲁"便记录到它的X射线，而且光度有快速变化。不久，天文学家又偶然地发现，这种快速变化还和射电波段的快速变化相关。射电望远镜的测量精度远比X射线卫星要高，于是利用射电望远镜把源的准确位置测定下来。原来，这是一颗同时发出X射线和射电波的天体。光学望远镜进一步观测，确认这个天体原本是一颗恒星，已列在星表上，编号为HDE 226 868（HDE是Henry Draper Extension的缩写，指《亨利·德雷伯星表补编》）。它是一颗高温的蓝巨星，质量在25～40 $M_\odot$。这种类型的恒星是不可能发出如此大量的X射线的，必然有一颗伴星在那里作怪。

天鹅座X-1的光学图片

为了证实这种推测，天文学家们对HDE 226 868做了仔细的光谱测量，发现其光谱线有周期性的移动，周期为5.6天。凡出现光谱线的周期性位移，就说明它在和另一颗星做绕转运动，肯定是一颗双星。通过计算，双星间最大距离只有3000万千米，属于密近双星。于是，有黑洞伴随的可能性越来越大，接下来需要定出伴星的质量。经过15年的艰苦测量，终于得到双星的全部轨道参数，从而确定这颗伴星的质量超过$7 \, M_\odot$。不发普通光，仅发X射线，质量在3个太阳质量以上，天文学家于是确认天鹅座X-1是一个黑洞。

发现天鹅座X-1这个黑洞，动用了X射线、射电和光学的全部观测手段，花去了15年的时间。相信黑洞存在的天文学家们声称，类似天鹅座X-1的黑洞还有几十个，这些黑洞的参数都有待进一步测定。敲定一个黑洞是多么的不容易啊！

至于另外两种黑洞——巨黑洞和微黑洞，观测方案仍然写在天文学家的稿纸上。

"三毛"定理

黑洞的物理本质

北京天文台前台长李启斌先生有许多精辟的言论，他曾说："越没用的学问，越受人欢迎。"天文学就属于没用的学问之一。不过，近些年来，天文学家们反复为其正名，把天文学描述为最重要的自然科学之一，既有巨大的潜在实用性，又有不可思议的前瞻性。经过一番努力，大众对天文学的兴趣的确与日俱增。随着太空探索的兴起，天文学成了各大国的追逐目标，各国竞相为天文学投大钱。在天文学中，最没用的一个学科分支恐怕就是黑洞了。正应了李启斌先生的说法，黑洞变成了最受人欢迎的天体。

黑洞几乎被渲染得家喻户晓。我在西方国家访问时，经常碰到小学生和我讨论黑洞的问题。在我们的天文普及宣传中，黑洞也总是最热门的话题之一。但是，我查遍国内有关黑洞的文章，能够用通俗语言说清楚其物理本质者寥寥无几。论文，往往过于深奥；科普文章，往往隔靴搔痒。为了说清楚黑洞的物理本质，我们还必须从阿尔伯特·爱因斯坦的黑洞入手。当年卡尔·史瓦西解出的爱因斯坦场方程，着重讨论了一个球形物体。球形物体的周围时空，由于引力场的作用，会发生弯曲。弯曲的程度取决于引力场的强弱，在极端情况下，弯曲度将使该物体与外界隔绝。这个位置称为临界面，也叫作视界。视界是外部观测者和黑洞内部的一个界限。外部观测者无法看到视界内的任何信息。视界之内便形成了黑洞。从物理本质来说，在弯曲时空中，任何一个发射频率的载体，其频率都会变慢。例如一个时钟，在弯曲时空里，钟会走得慢下来，弯曲越厉害，钟走得越慢。因此，钟越靠近黑洞，走得越慢。等到把钟移到临界面，你会看到钟完全停摆了。如果是电磁辐射，则其辐射频率也会变慢。也就是说，其波长会变长，向红波的方向移动，这便是引力红移。引力红移曾是广义相对论的三大验证之一。根据引力红移，太阳表面发出的光谱线也应该向红端位移，只是由于太阳周围的引力场毕竟有限，检验起来是相当困难的。把引力红移的概念用到黑洞上，就可以解释清楚黑洞为什么不能发光——在黑洞的表面，引力红移使光的频率变为零，或者说使红移变为无穷大。因此，外界不可能看到任何光从黑洞上发出来。

　　我们设想有一位探险家，驾驶一架宇宙飞船去黑洞探险，地球上的观测者与飞船保持通信联系。观测者发现，飞船越靠近黑洞，飞船的颜色越红，飞船的时钟也越慢，从飞船发出的讯号也越来越弱。最后，飞船消失在视界面上，进入了黑洞。但是，对于宇宙飞船里的人来说，情况则完全不一样。他似乎并没有什么异常的感觉，时钟也没有变慢，如果没有另外一种灾难降临，他会平平安安地进入黑洞，走

一艘宇宙飞船向黑洞飞去，会发生一系列惊心动魄的故事

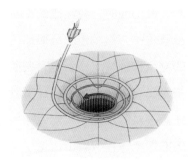

进另外一个世界。

　　进入黑洞前的另外一种灾难是潮汐力。潮汐力对于地球上的人来说并不陌生。地球上的海水有涨潮和落潮，每天早晚各一次，故曰潮汐。潮汐是由于引力差造成的，一个人站在地球上，地球对他的脚和对他的头的引力会有不同，因为脚和头与地球中心的距离不一样。只不过这点儿差别太小了，人完全感觉不到。处于地球朝向月球一面的海水和背向月球一面的海水，所受的月球引力差别就十分明显了，因而造成海水的涨落。如果把太阳的影响也加起来，当日月处在同一个方向上，便会形成大潮。黑洞产生的潮汐力和地球的潮汐力道理是一样的，只不过强度大了许多。任何一个物体，在进入黑洞之前，都会被黑洞的潮汐力撕裂开来。探险家想窥视黑洞的愿望事实上是无法实现的，在进入黑洞之前，黑洞会毫不留情地使其粉身碎骨，然后再吞噬进去。穿上任何宇航服也都是无济于事的。

　　进入黑洞之后，又是一番怎样的景象呢？黑洞之内空无一切，过了视界之后，就像进入真空一样，这里没有任何阻力，所有的物体都直奔黑洞的中心。假如那位探险家在进入黑洞之前没有被撕碎，进入黑洞之后也不会有任何异样的感觉，就像自由落体一样，直奔黑洞的中心。因此，在黑洞的视界面和黑洞的中心之间是一片真空地带，这里不允许任何物体停留，所有的物体都只能闪电般地飞掠过去而已。在没有物体进入时，这里总是空无一切。

黑洞张开大口，把物体吞噬进去。物质被吞进之前，会被潮汐力撕成碎片

　　黑洞的中心和黑洞的视界面之间为什么一定是真空呢？黑洞也应该算作一种天体，而所有其他的天体，从来没有在其内

165

部出现真空地带。原来，任何一个天体之所以能够存在，最大的前提是能维持稳定的结构。天体的任何部分都受到自身引力的作用，向中心凝聚；而构成天体的物质挡在那里是一种反作用，与引力相平衡，因而保持稳定。我们的地球是最明显而简单的例子，地表的物体尽管受到地球的巨大引力，但坚硬的地壳支撑在那里，大家都相安无事，不会陷落到地心里去。太阳是一个气体球，虽然没有固体硬壳，但气体也会产生压力与引力抗衡，保持太阳处于稳定状态。此外，太阳不仅有气体压力，还有辐射压力帮忙，共同去平衡引力的作用。总之，任何一个天体，必须有足够的抗力去与引力平衡，才能保持自身的稳定。对于黑洞来说，所有这些抗力都无法与黑洞的引力相比。没有了抵抗，所有的物体在引力的逼迫下，扑向黑洞的中心。

黑洞的中心就是黑洞的核心，核心聚集了黑洞的全部质量。几个太阳质量也好，上千个太阳质量也好，都被挤压在核心处。核心的大小有多大呢？这是一个奇怪的核心，叫作"奇点"。奇点从理论上讲就是一个点，它应该是半径为零，没有大小。从时间上讲，这里真正到了时间的终结，再也不用计时了，它已经脱离了我们的计时系统，也不存在快慢之说。奇点的物理结构是怎样的，没有人知道，也不可能有人知道。再聪明的智者也想不出物质在奇点中是如何排列的。

至此，我们对黑洞的物理结构绘制了一幅自认为"清晰"的图画。中心是一个物质密集的奇点，奇点的周围是真空，真空的边界便是黑洞的视界面，所谓黑洞的大小就是指视界的大小。真空区域也好，视界面也好，都是"虚设"在那里，就像皇帝的新衣一样。

天理不许违背——极端黑洞

卡尔·史瓦西求解爱因斯坦方程时，正值第一次世界大战，他本人

166

也正在战场上服役。爱因斯坦的广义相对论刚刚问世，在不到一年的时间里，史瓦西已然给出了一个严格的数学解，令爱因斯坦本人感到惊喜。当时，懂广义相对论的人加起来据说不足十人，可见史瓦西的天才非比寻常。不幸的是，史瓦西在得出解的当年（1916年）便与世长辞，享年43岁。史瓦西的儿子，马丁·史瓦西（常被称为"小史瓦西"）也是一位杰出的天文学家，1937年从欧洲移居美国，长期在普林斯顿大学工作，在研究恒星的结构和演化方面有突出贡献，很早就被选为美国科学院院士。打倒"四人帮"不久，美国组织了一个阵容豪华的天文代表团访华，成员中便有小史瓦西。类星体专家玛格丽特·伯比奇、太阳物理学家利奥·戈德堡、麦克唐纳天文台台长哈伦·史密斯等人都在其中。代表团在北京饭店做了学术报告。国内的天文学家们刚刚从十年的"文化大革命"禁锢中解脱，走进富丽堂皇的北京饭店会议室，感慨万千。我对当时的情景印象深刻，许多小事仍记忆犹新。会前的休息室里居然摆放着中华香烟，于是大家人手一支，屋内顿时烟雾缭绕。另一件事是报告之后请大家提问，能提出什么问题来呢？"文化大革命"中我们批判了一通宇宙大爆炸，有人试着问宇宙大爆炸是怎么回事。可惜代表团中都是地道的天文学家，对这类"深奥的"理论不甚了解。其实，提问者也不过是应景而已。报告会持续了几天。小史瓦西个子很矮，给人的感觉是深沉而略带悠然。

史瓦西黑洞是黑洞中最简单的一种，它是由一个恒星塌缩而成的。所有的恒星，包括我们的太阳，都在旋转。但凡旋转的物体都有一个表征转动的物理量，叫作角动量。一个物体的角动量是守恒的，也就是说，如果没有外界物体转移它的角动量，它的角动量应该是不变的。1962年，新西兰数学家罗伊·克尔把角动量考虑进去，重新求解爱因斯坦方程。他得出的解同样会造就一个黑洞，这个黑洞是能够旋转的，被命名为克尔黑洞。克尔黑洞和史瓦西黑洞理论的不同是让黑洞转了起

马丁·史瓦西，子承父业，也是一位天文学家

来。黑洞一旋转，名堂就多了。史瓦西黑洞是一个球形体，黑洞的各种物理量都依赖于一个物理量，即黑洞的质量。对于克尔黑洞，由于旋转，黑洞变成了一个椭球体，椭球体在长轴方向和短轴方向的物理量是不一样的。不仅如此，还出现了椭球体和球体内的夹层。克尔黑洞的视界面也因此受到了影响，整个物理模型远比史瓦西黑洞复杂。

当科学家们仔细研究克尔黑洞内部的物理结构时，发现了匪夷所思的怪现象。如果克尔黑洞旋转过快，有可能把整个黑洞撕裂。就像我们的地球一样，它每天自转一周，假如迫使它每天转100周，则它必然瓦解。旋转造成的力是一种离心力。假如克尔黑洞的自转越来越快，同样会达到具有破坏性的临界角速度，这时，它的内视界面就和外视界面重合（外视界即黑洞的视界），视界就会"破碎"。用牛顿力学的语言来说，在视界上，离心力和引力相互抵消了。这种情况下的黑洞被称为"极端黑洞"。

极端黑洞的出现是触犯"天律"的！黑洞的视界是自然界为人和某种神秘的宇宙世界设置的一道天然屏障，或者说，是我们的现实宇宙和虚幻宇宙的隔离墙。黑洞里的世界我们全然不知，那里的因果关系、时序关系有可能和黑洞外的情形完全颠倒，而且也绝对无法探测。现在，天然屏蔽被打破了，黑洞的奇点裸露给我们的现实世界，这是绝对不能允许的。民间传说包公被封王神封为阴阳官。他为了一位颜氏女子的冤案，亲赴阴曹地府，查阅生死簿，发现颜氏还有阳寿。只因阴府的判官贪赃枉法，篡改了生死簿，才导致颜氏被害死。包公一怒之下将判官铡死，就像铡陈世美一样，最后再把颜氏还阳。极端黑洞将视界打破，如同把阴府世界的大门敞开一样，不仅人人都可以到那里去查看自己的生死档案，就连前人的阴魂都可以与我们当面对话。为了消除出现极端黑洞的可能性，英国一位相对论专家罗杰·彭罗斯想出一条"妙计"。他提出设置一位宇宙监督员，相当于宇宙警察。宇宙监督员的任务是不允许有裸露的奇点出现。彭罗斯的命题叫作"宇宙监督员假设"，该假设规定："（必须）存在一位宇宙监督员，他禁止裸奇点的出现。"显然，彭罗斯任命的宇宙监督员比上帝还上帝，上帝只能管住人类，宇宙监督员则要管住整个宇宙。

"三毛"定理

物理量有多种多样。描述一个天体的物理量一般也有十多种，诸如体积、质量、速度、压强……对于黑洞来说，用来描述它的物理量却非常简单，因为在形成黑洞的过程中，许多物理量都消失了，不再保留在黑洞中。只有那些永远守恒的物理量不会消失。一个最基本的物理量是质量，最简单的史瓦西黑洞，只需要质量来描述就足够了，其他的物理量都依赖于质量。另一个物理量是描述转动的角动量，由于角动量也是守恒量，只要形成黑洞的天体最初是旋转的，则形成的黑洞依然旋转，这便是克尔黑洞。

还有一个物理参量是不会自生自灭的，这就是电荷。黑洞在形成时电荷会保存在里边，也就是说，黑洞有可能带电。又转动又带电的黑洞叫作克尔-纽曼黑洞。我们知道，电荷有正负之分，正负电荷相遇会中和掉。因此，黑洞中的电荷总量也许不是很大，除非形成黑洞时的物质所带电性偏向一种。

到目前为止，从物理类型上，科学家能够"造出"的黑洞只有三种：史瓦西黑洞、克尔黑洞和克尔–纽曼黑洞。其中，克尔–纽曼黑洞最为复杂，但描述它的物理量也才只有三个：质量、角动量和电荷。描述史瓦西黑洞则只需要质量。描述克尔黑洞，除质量外再加上角动量。总之，描述黑洞的物理量实在是太简单了。那位曾经为黑洞取名的美国天文学家约翰·惠勒为此又造了一个说法，叫作"黑洞无毛"定理。意思是说，黑洞是光秃秃的，像一个不长毛的怪兽一样。依我看，将黑洞的"无毛"定理改为"三毛"定理更为生动妥切。

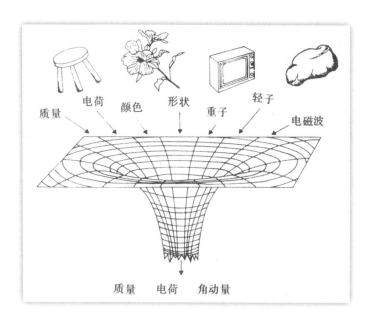

不管什么物质进入黑洞，"熔炼"之后仅剩下三样：质量、角动量和电荷

类星体的发电机

黑洞也可以蒸发

天文学的发展遵循着一条规律：观测、理论、再观测、再理论……这大概也是任何一门自然科学的发展规律，只不过天文学表现得更为突出。在漫长的发展过程中，观测始终是天文科学的真谛。因此，天文学被称为一门观测的科学。

黑洞的观测证据越来越丰富，黑洞对宇宙的威胁也越来越严重。理论天文学家必须出来释疑，让黑洞不仅能"吃进去"，还要"吐出来"。"吐出来"的困难在于黑洞的引力太强，在黑洞的视界面形成了一个势垒。势垒就是一堵高墙，只许进，不许出。不过，再高的城墙也难不倒"能人"。清朝有一本描写武林英豪的小说，叫《三侠剑》。书中的窦尔墩坐镇在名曰"连环套"的深山老林里。他的仇人黄天霸约好与他比武。头一天晚上，黄天霸一伙中的一位"能人"，居然爬上"连环套"，盗走了窦尔墩的兵器"虎头双钩"，并在床头放了把钢刀。窦尔墩醒后，觉得这位"能人"的本领深不可测，没有杀自己是出于江湖义气。于是给自己上绑，向对方投降。"能人"者，本领非凡，百里挑

171

霍金在轮椅上。他面前的是专门为其设计的打字机，据说用眼睛扫视就可以打字，打字的同时还可以语言合成，与人对话交流

一，万里挑一。在微观世界里有一条同样的"能人"规律。粒子的能力可高可低，大家有一个平均值，但个别粒子的能量可以远远高出平均值。极高能量的粒子就可以跳出黑洞的势垒高墙，使物质从黑洞中逃出去。微观粒子的这条规律叫作测不准原理。到了20世纪的70年代，黑洞的难题日益突显，天文物理学家们开始将测不准原理应用到黑洞上。

现在有关黑洞的读物，往往把应用"能人"规律的功劳全部归在霍金一人身上，有失公允。霍金本人在《时间简史》一书中写道："1973年9月我访问莫斯科时，和苏联两位最主要的专家雅可夫·泽尔多维奇和阿列克谢·斯塔罗宾斯基讨论黑洞问题。他们说服我，按照量子力学不确定性原理（即测不准原理），旋转黑洞应该产生并辐射粒子。在物理学的基础上，我相信他们的论点，但是不喜欢他们计算辐射所用的数学方法。所以我着手设计一种更好的数学处理方法，并于1973年11月底在牛津的一次非正式讨论会上将其公布于众。那时我还没有计算出实际上辐射有多少。我预料要发现的正是泽尔多维奇和斯塔罗宾斯基所预言的从旋转黑洞中发出的辐射。然而，当我做了计算，使我既惊奇又恼火的是，我发现甚至非旋转黑洞显然也以不变速率产生和发射粒子。"

霍金提到的泽尔多维奇，是苏联时代的一位著名的天体物理学家，其物理功底和对天文学的贡献绝不在霍金之下，只是西方对苏联有偏见，对他的宣传较少。我在英国访问期间所在的爱丁堡皇家天文台的台长、英国皇家天文学家马尔科姆·朗盖尔就自称曾到苏联泽尔多维奇手下进修，并学会了俄语。1982年，第十八届国际天文学联合会大会在希腊召开，泽尔多维奇应邀在大会上做了报告。据说，泽尔多维奇在国内还从事一部分军工方面的研究，行动受到限制，不能出国访问，到希腊开会是一次少有的例外。在这次大会上，中国天文学会正式恢复了在国际天文学联合会的地位。我是从英国赶去参加会议的，和国内代表团汇合后，大家非常高兴。后来，在拍摄的许多照片中，居然找到了泽尔多维奇的身影。1987年，泽尔多维奇便与世长辞了。

霍金对黑洞的最大贡献是系统地研究了黑洞的热性质，借助量子力学的概念，得出黑洞可以"蒸发"的结论。在量子世界里，真空并非绝对的空无一切，那里仍然是"活跃"的世界，存在着正粒子和反粒子。这些正反粒子都是成对地捆绑在一起，在通常情况下，显示不出任何的作用。正粒子带的是正能量，反粒子带的是负能量，正负能量结合在一起，仍然是真空。因此，这些粒子都被称为虚粒子，意思是"虚设"在那里，不发挥任何作用。但是，遇到特殊环境，这些虚粒子还是会起来"造反"的。在黑洞的附近，引力场太强了，强大的引力会把捆绑在一起的虚粒子对撕裂开来，使得这些粒子活跃起来。反粒子会掉进黑洞中去，同时把负能量带进黑洞；而它的伙伴，带有正能量的正粒子无依无靠，只好远离而去，离开黑洞的表面，逃向远方。我们知道，根据爱因斯坦的能量方程，能量E等于质量m乘以光速c的平方，即

$$E = mc^2$$

逃出的正能量就等价于逃出了一个质量为m的粒子。而进入黑洞的负粒子，又会和黑洞里的一个正粒子结合，重新捆绑在一起，也就是中和掉了黑洞里的一份正能量。聪明的读者不妨仔细地想一想，这样交换的结果，是不是等价于一个真实的粒子从黑洞中跑了出来？

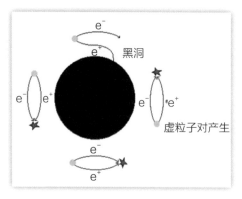

如果虚粒子对产生在视界的外面，成员之一可能将会掉入黑洞，另一个成员将会逃逸（图中上方那一对），于是黑洞损失质量。一般情况下，虚粒子对不断地产生和湮灭，就像什么都没有发生一样

如果要全面地分析，黑洞当然也可以把正负粒子都吃进去，不过这样吃进去，不会产生任何效果，等于"白吃"。还有一种可能性，黑洞把正粒子吃进去，让负粒子逃走。但是，黑洞的周围是正粒子的海洋，负粒子无依无靠，无法长久存在，更不可能逃到远处。

霍金的功劳在于对上述概念做了系统的分析，建立了完整的黑洞热力学理论。说起来，有关黑洞热力学的第一篇重要论文，是霍金和詹姆斯·巴丁、布兰登·卡特三人共同完成的，霍金的名字排在最后，论文的名称叫作《黑洞力学的四条定律》。他们仿照热力学，给出了黑洞的四条类似热力学的定律。当时，他们不清楚黑洞是否真有热力学性质，既然是模仿人家，论文的标题没敢用"热力学"，而是用"力学"。论文中提到了黑洞应该具有一些"假热力学"的性质。几个月之后，霍金独自证明，这些"假"热力学可以当"真"热力学对待。黑洞应该有热辐射，也应该有温度。所谓热辐射，就是指黑洞的蒸发。黑洞终于可以"蒸发"物质了，黑洞不再永远是黑的。

Commun. math. Phys. 31, 161–170 (1973)

The Four Laws of Black Hole Mechanics

J. M. Bardeen*

Department of Physics, Yale University, New Haven, Connecticut, USA

B. Carter and S. W. Hawking

Institute of Astronomy. University of Cambridge, England

Received January 24, 1973

Abstract. Expressions are derived for the mass of a stationary axisymmetric solution of the Einstein equations containing a black hole surrounded by matter and for the difference in mass between two neighboring such solutions. Two of the quantities which appear in these expressions, namely the area A of the event horizon and the "surface gravity" κ of the black hole, have a close analogy with entropy and temperature respectively. This analogy suggests the formulation of four laws of black hole mechanics which correspond to and in some ways transcend the four laws of thermodynamics.

1. Introduction

It is generally believed that a gravitationally collapsing body will give rise to a black hole and that this black hole will settle down to a stationary state. If the black hole is rotating, the stationary state must be axisymmetric [1] (An improved version of this theorem involving weaker assumptions is outlined in [2] and is given in detail in [3]). It has been shown that stationary axisymmetric black hole solutions which are empty outside the event horizon fall into discrete families each of which depends on only two parameters, the mass M and the angular momentum J [4–6]. The Kerr solutions for $M^4 > J^2$ are one such family. It seems unlikely that there are any others. It also seems reasonable to suppose that the Newman-Kerr solutions for $M^4 > J^2 + M^2 Q^2$, where Q is the electric charge, are the only stationary axisymmetric black hole solutions which are empty outside the event horizon apart from an electromagnetic field. On the other hand there will be an infinite dimensional family of stationary axisymmetric solutions in which there are rings of matter orbiting the black hole. In Sections 2 and 3 of this paper we shall derive formulae for the mass of such a solution and for the difference in mass of two nearby solutions. These formulae

* Research supported in part by the National Science Foundation.

1973年由巴丁、卡特和霍金发表的论文影印件。该论文奠定了黑洞可以"蒸发"的理论基础霍金通过严格的物理计算，证明黑洞的辐射具有黑体辐射的所有特征，也有一个和热力学一样的温度，温度越高，辐射越快；温度越低，辐射越慢。黑洞的温度和黑洞的质量成反比，质量越大的黑洞，温度反而越低。举例来说，如果太阳按目前的质量变成一个黑洞，它的温度只有10^{-7}开尔文，也就是一千万分之一开尔文。要特别说明，这里用的温度是绝对温标，绝对温标的零度相当于-273摄氏度。当温度达到绝对温标的零度时，整个物质世界将处于"死寂"状态，分子停止任何运动，完全没有辐射。可见，处于这样温度下的黑洞，其辐射能力接近于零。

考虑到想更深入地了解黑洞的读者，我们可以给出计算黑洞温度的公式

$$T = \frac{hc^3}{16\pi^2 GkM} = 6\times10^{-18}\frac{M_\odot}{M}\text{K}$$

该公式适用于史瓦西黑洞。式中的h是普朗克常数，c是光速，G是万有引力常数，k是玻尔兹曼常数，M是黑洞的质量，右端简化为以太阳质量$M_\odot$为单位去计算，K是绝对温标的单位符号。

按照霍金的理论，还可以计算出黑洞的蒸发时间，其结果为

$$10^{76}\left(\frac{M}{M_\odot}\right)^3 \text{秒}$$

由该公式可以计算出各种质量黑洞的蒸发时间，如下表所列。

黑洞的蒸发时间

黑洞质量	蒸发时间
1 个太阳	10^{68} 年
10 亿吨	100 亿年
100 万吨	10 年
1 吨	10^{-10} 秒

对于1个太阳质量的黑洞,其蒸发时间远远超过了宇宙的年龄,不要说在人类的有生之年,就是在宇宙的有生之年,也不会见到这样的黑洞瓦解。对于一个10亿吨的黑洞,其寿命刚好和我们宇宙的寿命相当。但是,随着黑洞质量的减小,其温度急剧升高,蒸发时间也会急剧缩短。一个万吨级的黑洞,几年就会消失。当黑洞最后瓦解时,会产生爆发过程,发出大量的X射线和γ射线。

科学家的最高荣誉莫过于获得诺贝尔奖。许多著名的科学家辛辛苦苦地工作,取得很多成就,但依然离诺贝尔奖很远。原因是,诺贝尔奖不仅要求成就,更要求原创性。霍金的黑洞理论绝大部分都是他的原创,有人呼吁授予他诺贝尔奖。这些人忽略了一点,原创的理论还必须得到验证。霍金的理论有验证的可能性吗?脉冲星的发现者、英国天文学家安东尼·休伊什曾获得1974年的诺贝尔奖。他预言,用他设计的天线,有可能发现黑洞毁灭时的爆发过程。如果成为现实,霍金肯定获奖,休伊什也会二次问鼎。

黑洞的逆过程——白洞

当前,电子游戏大流行,受欢迎的游戏必须花样多。黑洞及其相关概念之所以受欢迎,除了新奇之外,另一个原因就是花样繁多,其中之一叫作"白洞"。取名白洞,是为了和黑洞对立,黑白颠倒。黑洞是将物质吸进去,由外向内;白洞则是将物质排斥出来,由内向外。如同把电影片子倒放,人开始往后跑,食物从嘴里吐出来,江水倒流……

大质量的恒星在演化过程中一步步塌缩,最后变成了一个黑洞。根据物理规律的对称性,这一过程完全有可能反演——黑洞爆发,逐步膨胀起来。反演的黑洞就是白洞。白洞是从一个奇点出发,向外扩

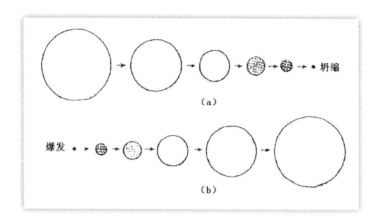

一颗恒星逐步塌缩成一个黑洞（上）；反过来，黑洞也可以爆发成一颗恒星（下）

展，所有的物质都向外喷发。我们在讨论黑洞时，曾强调靠近黑洞，电磁辐射的波长都向红端位移，越靠近视界面，红移越大。到了黑洞的视界面，红移变为无穷大，电磁波完全消失。对于白洞来说，从奇点发出的电磁波刚好相反，不是红移，而是蓝移，而且蓝移的数值很大。因此,从白洞发出的辐射应该是短波的X射线或γ射线。有人认为，许多X射线暴和γ射线暴正是由白洞造成的。

将X射线暴和γ射线暴归因于白洞，有一定的物理依据。我们在讨论类星体的尺度时，曾给出了一种估计类星体大小的方法，类星体的大小L不应该大于它的光变时间T乘以光速c，即

$$L \leqslant Tc$$

对于许多X射线暴和γ射线暴，其光变时间只有几秒，甚至不到1秒。如果是1秒钟，暴源的大小只有30万千米。如此小的一个天体在1秒钟之内发出如此巨大的能量，是任何已知的物理机制都难以办到的。无奈之下，只有认为它是白洞了。

天文观测中有白洞存在的迹象吗？除上述的X射线暴和γ射线暴之外，许多活动星系的大规模爆发，包括类星体在内，其核心部分应该包含着一个白洞。星系NGC 5128同时是一个强射电源，在射电源表中，叫作半人马座A。该星系不仅有强大的射电辐射，整个星系还被撕裂开来。要不是中心有白洞作怪，谁有如此强悍的能力呢？

NGC 5128，一个可能的白洞候选体

虫洞和时空隧道

为了满足天文爱好者的好奇心理，也为了纠正一些不负责任的科普读物的奇谈怪论，我们不得不谈一谈虫洞和时空隧道。

在各种自然科学中，生物学近年来很热，尤其是其中的克隆技术。有些国家，政府不得不出面干预，规定哪些不许克隆，哪些不许杂交式地克隆。总之，不许"乱来"，否则，会威胁到人类的生存。对于研究天文学的人来说，不仅不受约束，而且越"乱"越好，即使无法验证，至少可以引起大众对天文学的兴趣。设想将一个黑洞和一个白洞连接起来，或者说，镶嵌在一起。物质可以不停地被吸入黑洞，由于黑洞的背后连着一个白洞，白洞会不停地从黑洞中把物质抽出来，据为己有。这样一来，不相干的黑白世界建立了联系。显然，最关键的部位是黑洞和白洞之间的衔接口，这个衔接口曾被命名为"史瓦西喉"。史瓦西本人对此应该是毫不知情的，因为那时还没有人想出这种花招。后来，给黑洞命名的约翰·惠勒又想出了一个新名词，叫作"虫洞"，像蛀虫在黑洞和白洞之间蛀的洞。从此，虫洞像黑洞和白洞一样，也被叫响。其实，虫洞概念只是一个通道而已，那里并不存放任何物质，和黑洞、白洞的本质完全不同。

进一步探究虫洞的物理性质，科学家发现了虫洞还有更大的潜在功能。它不仅能够衔接黑洞和白洞，而且还可以把两个毫无关联的宇宙世界连起来。广而言之，我们的宇宙就是一个大黑洞，外界看不到我们，我们也看不到外界。现在，可以用虫洞来沟通，相当于在两个宇宙之间搭了一条隧道。这条隧道把两个宇宙的时空连接起来，因此又被称为"时空隧道"。

我们不能认为地球上的人类是宇宙中唯一的高等智慧生命。同样，我们的宇宙也不应该是唯一的宇宙。在我们的宇宙之外，应该存在着一个超级大宇宙。如果把每个宇宙比作一个球泡，会有无数球泡飘浮在超级大宇宙中。根据以往的理论，一个个宇宙泡之间完全隔绝。而现在，只要通过时空隧道，一个宇宙中的人类就可以到另一个宇宙中去访问。

黑洞发电机

文章写到最后，应该有点儿点睛之笔。有关黑洞的各种物理性质，已经描述了很多。在我看来，有关黑洞的最精妙的创作，是把黑洞当作发电机使用。

由于人类过于贪婪，地球上自然资源的消耗在不断加速，尤其是能源。有人估计，按目前的开采速度，用不了一千年，地球人便只能坐以待毙，因为所有的能源都是消耗性的。天文学家基于太阳产能的机制，提出了用核聚变的原理产能，即所谓受控热核反应。到目前为止，受控热核反应仍处于试验阶段，变成现实还有很大的难度。但即使实现了受控热核反应，仍然需要核燃料。如果能实现黑洞发电机，人类将一劳永逸地摆脱能源危机。

一个旋转的黑洞，也就是克尔黑洞，存在着一个特殊的区域，叫作能层。"能层"的意思是这里可以储存能量。能层的区域位于黑洞的视界之外。外部物质被吸进黑洞之前先到达能层，由于能层也处于旋转状态，物体在这里会被撕碎。一部分继续被黑洞吸进去，一部分会从能层逃逸出来。逃出来的物质会带走黑洞的能量。总体算下来，黑洞不但没有"吃进"能量，反而"吐出"能量。这一过程是由相对论物理学家罗杰·彭罗斯提出的，因此叫作彭罗斯过程，也被称作彭罗斯定律。

运用彭罗斯定律，的确可以从黑洞中提取能量。不过，黑洞必须是旋转的。只有旋转的黑洞，才有能层存在；而提取出来的能量，也是

彭罗斯定律：一个落入能层的质点受到黑洞旋转的拖曳，在A点质点被撕为两块，一块落入黑洞里，一块携带更多的能量逃出来

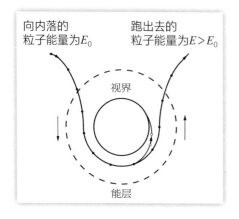

向内落的粒子能量为E_0

跑出去的粒子能量为$E > E_0$

视界

能层

来自黑洞的旋转。如果不断地用这种方式去提取来自黑洞的能量，则黑洞的动能会越来越少，转速也随之越来越慢。转速减慢之后，黑洞的能层也会不断萎缩。最终的结果是，黑洞把自己的动能全部贡献出去，停止了旋转，能层的外边界和黑洞的视界重叠在一起，能层消失。黑洞的视界又重新裸露在外边。转动的克尔黑洞变成了不转动的史瓦西黑洞。

利用彭罗斯定律可以设计一台黑洞发电机。首先，黑洞发电机的效率无与伦比，它可以将送进黑洞的物质按爱因斯坦的质能关系转化为能量。其次，黑洞发电机对燃料没有要求，不需要油，也不需要煤，只要是物质就可以。有朝一日，人类制造出黑洞发电机，一个大城市装一台就足以。城市里产生的各种垃圾，也不用分类处理，全部倒入发电机中，一部分被黑洞消化，一部分转换为电能供人类享用。

我的天文之路

天文学家是怎样生活和工作的?

英国的天文学是怎么发展起来的?

世界各国为什么争相在夏威夷安装大型望远镜?

"中国－日本"类星体为什么这么命名?

天文学和围棋有什么关联?

......

我的早年生活

动荡的少年

我出生在河北省的一个农村。县城旧称束鹿县，现改为辛集市，离石家庄不远。祖辈务农，到爷爷辈靠省吃俭用，积攒了一点儿田产，雇佣了长工。新中国成立后土地改革，我家被划成了地主。父亲幼年就走出农村，一直在外读书，毕业于河北大学医科（现河北医科大学），成了一名相当不错的医生。我孩童时代在老家长大，但没有什么可回忆的东西，唯一深刻的印象，是家里人被斗。当时斗地主的方式叫作"扫地出门"。有一天突然来了一帮人抄家，把全家人都赶出家门，一件东西都不许带，一点儿吃的也不准拿，从此不准回家。一个本族人家同情我们，就让我们暂住在他家。被"扫地出门"时，一个长工正赶着大车从地里往回拉粮食，听说家里出事了，赶紧转移。这样我们一家人的食粮暂且有了着落。所有的文章里都说地主欺压农民，可我们家刚好相反。祖父在我出生前好几年就已经故去，父亲在外读书。我们家又是单传，没有叔叔伯伯，因此经常受街坊邻居的欺负。母亲讲过一个故事，农民在夜间把家中后院的禾堆放火点着，然后敲门救火，父亲坚决不开门，

184

一直到所有的禾堆烧光为止。如果门一开，家中肯定遭劫。

父亲在抗日期间不愿为日本人工作，就闲在家里，自费买些药，为乡亲们看病，因此人缘不错。我家被斗争时，他不在家。不久，他就托人从老家把我带到北京。我开始在北京读小学。我读的小学叫司法部街小学，位于现在的人民大会堂所在地，当时是一所不错的小学。新中国成立前，北京叫北平。我们家住在棋盘街，在现在的天安门广场西侧，人民大会堂南面一点儿。目前旧址仍然存在，只是早已面目全非，街名也已废除。原来的棋盘街总长不到一百米，只有十来户人家，却是北京历史上的一条名街，曾有"大战棋盘街"的记载。上小学期间，印象最深的是北平解放前夕，平静的生活突然告急。一天，校长在全校大会上讲话，沉重地告诉大家，沈阳失陷，东三省已被"共匪"占领。我们这些小孩子对这些自然漠不关心。一天上午，我们正在上课，一个大烟筒突然倒在了学校里，满院都是砖头。如果孩子们不在教室里上课，后果不堪设想。原来，小学的隔壁是京汉铁路局，铁路局供暖的锅炉发生爆炸。锅炉越过三层楼房飞到了东交民巷的大街上，把一个行人砸死在街上，而整个大烟筒翻倒在了另一侧的学校里。有人说这是"共匪"故意搞破坏。街上出现了伤兵，国民党称其为"荣军"。不时有"荣军"和宪兵斗殴。宪兵是国民党的最高治安军，高于警察。总之，北平市内开始混乱，我们再也不敢到电影院里看电影。临解放前，又开始了停水、停电。当时的发电厂在石景山，被"共军"占领。后来又供电了，大概是通过谈判，但街上的有轨电车从此不再行驶，一直到解放。

父亲在北平行医，曾在美国的救济总署任职，还到过解放区，见过共产党的领导人，北平解放前夕任一所医院的院长。这所医院在郊区，围城前都撤进城里，全体人员都靠政府的救济过活，生活十分困难，成天向上级讨要，一直到解放。北平一解放，经人推荐，父亲调到保定，在中共河北省委的卫生所任职，做高级干部的保健医生。我也跟着父亲去保定读书了。

在保定读了一年小学，我就跳级考入了保定第一中学。第一中学的前身叫同仁中学，是一所教会学校，当时是保定最好的中学。六年间，在这里受到的教育令我终生难忘。现在回想起来，虽说一个人一生中都在受教育，但知识积累和基础的扎实程度都取决于中学教育。知识殿堂之门刚刚打开，青少年的精力又十分旺盛，就像一座刚刚建成的水库，只要有水流进，它就会欣然接纳。第一股清水是英语，我们的英语老师都是整堂课说英语，许多英语短文到现在都留在脑海里。第一位英语老师是燕京大学毕业的，一口美式发音。第二位是北洋大学毕业的，一口英式发音。两种发音区别不小，最典型的一个单词是good，在美音里发成"哥德"，而在英音里发成"古德"。这两位老师上课，还要纠正对方的发音。后来又来了第三位英语老师，在发音上不再偏激。同学故意问他，究竟是"哥德"还是"古德"，他回答说你们就发两者之间的音——"过得"。此后，大家都说"过得去"就可以了。我们的生物老师、物理老师、语文老师、数学老师，一个个都十分了得，每每都补充许多课外知识。1956年，我从保定

就读中学时的照片，当时的保定一中是男校，没有女生。我曾在话剧中扮演过女孩

一中毕业，考入北京师范大学。河北省的省会也由保定迁到天津，全家随之搬到了天津。从此，我很少再回到保定。我的这些老师，有的被调到了大学，大都被打成了"右派"。保定一中的教学水平从此每况愈下，一年不如一年。到了20世纪90年代，一中出了一位有创业精神的新校长，提出振兴一中，曾举办大规模的校庆活动，邀请历届校友返校。我返校时遇到美籍著名生物学家牛满江教授。牛先生是新中国成立前同仁中学的毕业生，为人平和，一口乡音，很会讲话，给人以大学者的感觉。

大学生活也不平静

我是1956年考入北京师范大学物理系的。入学的第一年，一切还算正常，此前一系列的政治活动，抗美援朝、肃反运动、"三反"、"五反"、反"胡风反革命集团"、批判《武训传》等刚刚过去，难得有一段间歇。大学的生活和中学很不一样，没有了班主任老师的督促，一切全靠自觉。我对所学的物理和数学颇感兴趣，学习成绩名列前茅。

这样的平静生活持续了不到一年，1957年的春天，一场针对知识分子的"反右派"斗争便开始了。刚开始的时候，叫作"大鸣大放"，帮助党整风，鼓励大家给党提意见。一时间，满校都是大字报。学校提供纸张、笔墨和糨糊。大家的热情很高，五花八门的大字报让人目不暇接。最受欢迎的大作出自中文系同学的社团"苦药社"——意为良药苦口。他们写的虽是提意见的文章，却带有文学风采。我的兴趣还在读书上，对待这些事情就像看热闹一样，无动于衷。突然，风向大变，开始了"反击右派分子的猖狂进攻"。这时，我才开始关注什么是"右派分子"，他们是如何"向党进攻"的。课基本上停了，人人都得写反击"右派"的大字报。在整个"反右"浪潮中，北京师范大学有两个重灾区，一个是中文系，一个是数学系。中文系高年级学生的"苦药社"成了"右派分子"的大窝点，他们一篇一篇的大作，都成了反党文章。凡是执笔者，都被扣上"右派"帽子。再就是中文系的老师，许多都是国内知名度极高的学者。一次，校党委书记开座谈会，征求大家的意见。不是帮党整风吗，穆木天教授提出了一些党员干部的作风问题，包括党委书记本人和一位女学生乱搞男女关系。穆木天教授是当年郭沫若创办的创造社的二号人物，地位仅次于郭沫若本人。穆先生也太不给书记面子了。等"反右"到来，书记自然痛下杀手，将中文系的教授们一网打尽，漏网者只有个把没有名气的"小鱼"。

另一个重灾区是数学系。学数学的人往往比较学究，不大关心时政。

但偏偏出了一位数学家叫傅仲荪，此人威望很高，时任北京师范大学副校长。"大鸣大放"时期请他提意见，他身为副校长不能推托。有人将他的意见整理成文，标以"中共失策之一"登了出来，这下犯了大忌。其实他的本意是希望党对知识分子的政策不要过于生硬，应该相互尊重。他的另一条罪行是，一位领导来北京师范大学做报告，大讲毛主席的哲学——任何事物都有正反两个方面。他举例说，包括一张纸，也是有两面。傅先生在主席台上，马上给他叠了一个莫比乌斯环（即用一张纸条拧一个麻花，两头对接起来，只有一个面），问他这是几个面，当场"忽悠"了这位领导。"反右"一开始，傅先生最早被打成了"右派"。此举轰动了整个学校。数学系的一批青年教师和一批研究生，许多是他的助教和学生，都群起维护傅先生，说他不可能是反党反社会主义分子。"反右"斗争已经开始了，人人都在躲避，而这批人硬是像飞蛾扑火一样，自投罗网，于是全部被打成"右派"。其中的一位"右派"分子，后来成了全国人大代表。他告诉我，别人都是"反右"开始前发表了"反党"言论，他是"反右"开始后才自己往上扑。

全国出名的"六教授大右派"，北京师范大学占了两席，黄药眠和陶大镛。在我认识的北师大的"右派"分子中，有几位让我印象非常深刻。钟敬文先生，民间文学大师，是第一届全国文联的副主席，主席是郭沫若。"文化大革命"中，钟先生全家被赶出小红楼（北师大最好的教工宿舍），和我们家一样住在筒子楼里。筒子楼中每家一间房，钟先生一家

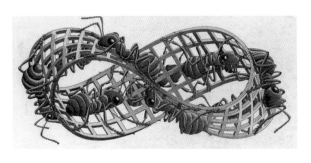

蚂蚁在莫比乌斯环上爬行，永远爬不到尽头。莫比乌斯环只有一个面

正好和我家对门，两家人相处将近十年。他的儿子和我同年，他的孙子和我儿子同年。钟先生为人谦和，除了学问就是学问，我实在想不通他为什么被打成"右派"。他的夫人也是中文系教授，大家闺秀，温文尔雅，绝没有"右派"相。据说是"右派"分子曾到她家"集会"，她热情招待了"阶级敌人"，只好也被打成"右派"。"文化大革命"过后，钟先生又开始了新的耕耘，为北师大建立了全国首屈一指的民间文学团队。十几年前，以百岁高龄仙逝。我有幸为他的最后一届博士生主持论文答辩，论文的内容是探讨《山海经》中的天文问题。由于是钟先生之邀，因此我赶忙学习了一番《山海经》，这才知道《山海经》是中国古代了不起的一部集史地和神话于一体的文学集成。我预先准备了学生的论文评语。没想到钟先生第一个反对，认为评价太高，我只好重新定调。

和钟先生相比，俞敏教授就没有那么幸运了，可以说终身倒霉。和俞先生相识缘起于围棋。"文化大革命"期间，我一直处于半倒霉状态。各种大批判，我总能被挂上；有劳动锻炼的机会，总不会放过我。我唯一的收获，是在"文革"期间学会了下围棋。我听说俞先生围棋下得好，而且也被赶到了筒子楼住，相距只几个楼，于是便经常去请教。俞先生属于"牛鬼蛇神"之列，当时还戴着"右派"分子的帽子，白天必须劳动，只有晚上才有点儿空闲时间下棋。俞先生的围棋水平比我高很多，当时能让我两个子。接触多了，彼此加深了了解。俞先生是中文系的教授，但外语极好，每有英文问题向他请教，他都能讲出相关的词根含义、文法出处，讲解深入浅出。他儿子正在学德文。我们下棋时，他听到儿子朗读有错误，能立即指出。他当年出访日本时，用日语向日本人讲解日本寺庙的渊源。外语中，他最拿手的是印度梵文，也就是古印度文。直到今天，能懂梵文的，恐怕全中国也没有几个。而所有这些外语，都是他的副业，为的是深入研究他的本行——音韵学。每个中国字应该怎样发音，古音韵发展到现代音韵有哪些演变，各种方言为什么有那么多区别，他都能娓娓道来。俞先生见到我在阶级斗争的浪尖上敢和他来往，便向我倾诉了许多他的往事。他的知识太渊博了，几年下来，我的收益难以斗量。慢慢地，我看到了他的"阶级本质"。许多人在他眼里都不值一提，他对这些人的态度甚至是鄙视。认为他们既无知识，又无人品，纯粹是在那里混世和误人子弟。他从没有和我谈起过当"右派"的原因，但这么一副傲骨，自然是天生的"右派"材料。俞先生对于自己当"右派"从不在意，也不去写份检讨争取宽大处理。他顶着"右派"分子的帽子，一直到"文化大革命"以后。这时，戴帽的"右派"已经很难找到了，他是我们学校最后一位摘帽者。"文化大革命"以后，他的处境自然有了改变，但还没有来得及创造出任何辉煌。一天，他告诉我："'文革'劳改时，我经常有背痛现象，其实是心脏病在发作。老天竟然没有把我叫走。"我当时没有意识到，他这是在告诉我他的心脏病已经严重了。过了没多久，老天爷就把俞先生叫走了。一块金子，一块真正的纯金，还没有来得及发光，又被埋在地下了。

对大名鼎鼎的启功先生已有许多宣传和报道。我和他的直接接触不多。一次，在人民大会堂开茶话会，我替他备茶，问启功先生喜欢喝什么茶。他说："我是胡人，胡人就胡喝，什么茶都可以。"还有一次，一位大领导想请启功先生吃饭，苦于联系不上，便让我出面。启功先生在电话里说："问问他们，我能不能不吃这顿饭。有什么要帮忙的，我可以帮忙。"启功先生明白，所谓"帮忙"，就是想要启功先生写的字。启功先生的字，后来成了国宝，被捧上了天。一些大领导和社会名流都梦寐以求地想获得一幅启功先生的字。一次，一位大领导来学校开座谈会，启功先生用他惯用的方式，连说带笑地发了一通牢骚，大家都为之愕然。知情人透漏，此领导刚求

和俞敏教授在一起，这是俞先生在教我下围棋

到一幅字，启功先生尽可以放心地讲。启功先生从不阿谀奉承，在他面前为求字而吃闭门羹的人也很多。启功先生无后，唯有一位侄女守在身边。侄女所在工厂的领导想请启功先生题写厂名。举手之劳，又涉及自己的侄女，

启功先生就是不肯。最后侄女被炒了鱿鱼。在北京师范大学的教职工中，有一个人群拥有启功先生的真迹最多，这就是车房的司机师傅们。启功先生每年开政协会和参与各种社会活动，都离不开司机帮助。每次开会，司机师傅们都很高兴。一是可以拉启功先生去吃饭，反正各大饭店都不会向启功先生开口。二是可以请启功先生写字，启功先生一高兴就写，还耐心地讲解所写的内容。据说，每位司机手中都握有不止一幅启功先生的书法作品。司机们每每谈及启功先生的平易近人，都无比敬佩。

步入大学讲堂

天文系建系之后，立即招生。学校的教学秩序也开始步入正轨。我担任新生的基础天文学教学，刚走上讲堂，压力很大。我不是天文科班出身，上课的方法只能是现蒸现卖。中国的天文教科书和著作少之又少，又没有今天的网络手段，唯一的办法是去图书馆查找有关的文献资料。那个年代借书也不是很方便，尤其是借一些校内的图书馆鲜有的科技书。好在北京师范大学图书馆和北京的几个大图书馆之间有馆际借书合约，我可以从北京图书馆和科学院图书馆借到一些天文的专业书。

另一个难得的机会，是北京天文台正在办一个培训班，招了一批学测量学的学生，通过系统的天文授课，为天文台培养了一批天文人才。

这些人后来成了天文台的骨干力量。我旁听了所有的天文专业课程。印象最深的有两位老师，一位是刚从苏联学成回国的黄磷先生，另一位是叶述武教授。叶教授主讲天体力学，他的授课方式很特别，上课就开始板书，从头到尾几乎一句多余的话都没有。我们跟着抄笔记，抄完就下课。这也算讲课么？慢慢地才知道，此人留学法国时，学习成绩非常优秀，被认为是可以和量子力学大师埃尔温·薛定谔等人比肩的高才生。

在大学教书，还有一个称谓问题，也就是如何称呼老师。现在，人们听到这个问题觉得不可思议。"老师"这个称呼普遍受到尊重，各行各业的人士，包括文艺界和体育界的，都一律以"老师"相称，表示尊重。在学校当老师，自然应该被称为"老师"，不应该有异议。但是，当年的大学中，经过"反击右派"的洗礼，大家的阶级觉悟提高了——人应该以阶级划分。在北师大（别的大学也一样），凡被认为思想没有改造好的，都属于资产阶级知识分子。对这批人一律称"先生"。刚开始走上工作岗位时，我的阶级敏感性不够，还没有意识到这个问题。慢慢地，由于所有的党的干部都"尊称"我为"先生"，我才终于明白，我属于资产阶级知识分子的行列。将一批知识分子划为另类的做法，一直延续到"文化大革命"之后。等到邓小平出山后，政策才发生了变化，对民主党派和无党派人士，由只能称"先生"，改为也可以称"同志"了。

刚步入大学讲堂的几年，我的干劲十足。每一堂课都查阅很多资料，力求讲出新意。在基础天文中，时间的概念很重要，有所谓的"太阳时""恒星时""地方时"和"世界时"，学生往往理解不清楚，我用天球仪辅助讲解，十分直观。在讲银河系的结构时，我还做了一个大型的教具，把银河系的每一部分形象地展示给同学们。我的讲课得到了同学们的肯定。我自己也很得意，还写了一首诗自我吹捧，其中有两句是"二十又三登讲座，敢笑谪仙与二钱"。"谪仙"指李白，"二钱"指钱三强和钱学森。可惜好景不长，大学校园没有安静几天，动乱年代开始了。

走进爱丁堡皇家天文台

艰难地迈出第一步

如果您有机会步入北京师范大学校园，在物理楼的楼顶会发现两个天文圆顶。靠中间较大的一个，里面放的是一台进口的小型望远镜。而靠西面较小的一个，来历就不那么简单了。那是我步入天文学领域的标志，也是我刚刚学习天文的处女作。时间倒退半个世纪，1958年，我还是一个不到20岁的大学生。刚刚反击完"右派分子"的"猖狂进攻"，党一声令下，又把我们带进了更加激动人心的"大跃进"。学生们已不再上课，一部分人进行教育革命，包括到工农兵中去、大炼钢铁等等；一部分人去搞科研。我被分到天文研究室。天文在我的脑子里完全是空白，但那个年代的理论是，一张白纸才能画最美的图画。于是，我们开始了一项伟大的工程，要建造中国的第一座太阳塔。今天看到的那个小圆顶，便是当年我参与建造的太阳塔的塔顶。

太阳塔，顾名思义，是研究太阳的。为了使观测仪器处于更加稳定和恒温的状态，天文学家们想到把接收太阳光的望远镜放到高处，而把测试仪器放在屋内，这样的仪器整体称为太阳塔。物理楼原来有一个运仪器和图书的电梯，把它改装为塔筒，将它上面的楼顶打开，装上一个太阳望远镜，将太阳光反射到塔筒内，再进入一个房间，不就造成了一座国外要花十年左右才能建成的太阳塔吗？当时的太阳塔小组一共才有十名左右的学生，老师很少到组里来，全靠我们自己敢想敢干。第一步是把楼顶砸开，与电梯道打通。几个小时就完成了，开了一次庆功会。第二步要建圆顶，可不那么简单了，只好请工人一起来干。人家要设计图，我们见都没见过太阳塔，哪里去找设计图呀。我在高中学过一些制图课，加上想象，画了一份自制的设计图。我们当时的口号是"两个月内建成太阳塔，向党献礼"。有人认为两个月太保守了，最多一个月。反正只要不睡觉，有党的领导，天大的困难都能克服。我在组内总是属于保守的，而且"白专思想"比较严重，一到关键时刻，资产阶级的思想烙印就表现出来了。克服的办法是被批判一通，重新轻装上阵，跟上"大跃进"的步伐。"大跃进"了一年多，塔的基建部分都建成了。没想到，困难时期打乱了我们的宏伟计划，只好把它暂时搁置起来。

困难时期来得如此突然，就像沙尘暴，铺天盖地而来。人人毫无思想准备，口粮一减再减。也许老天爷在故意为难我们，1960年的冬季格外寒冷。卡路里本来就不够了，只好减少一切活动，节约能量。但对我来说，这反而是天赐良机。不再搞运动了，我的"白专"帽子一时也没有人去碰了，可以塌下心来整天地读书。困难时期的几年，真是我一生中的黄金时代，读书、进修、写文章，连女朋友也是那个时候交上的。可惜好景不长，1963年的"四清"又开始了向资产阶级的进攻，越演越烈，一直演到不可收拾的"文化大革命"。

"文化大革命"刚结束时，人们还经常议论什么是正确路线，什么是错误路线，谁参加过"批邓"，谁没参加过"批邓"。我曾经说过：

"本人的感受就是路线的试金石，我得意的时候执行的准是正确路线，我倒霉的时候就是错误路线。本人从来不批邓小平。"此话虽然有些狂妄，但也的确反映了一个"白专"知识分子的心声。我在天文学研究领域能二次起步，多亏邓小平能二次出山，改革开放的路线把我送出了国门。

我们是改革开放后最早出去的一批。当时，人们把出国看得挺神秘。我是被派往英国的，从北京到伦敦的班机需要途径中东，而中东正在打仗。我们等了一个多月，航线仍然不通，最后改飞巴黎，在巴黎住了一夜，再前往伦敦。几经周折，闹了不少笑话，总算到了目的地。英国人非常保守，到英国进修，必须先补习一段英语，考试合格才能去学校或研究所。我们当时的身份很特殊，出国前已定名为访问学者，英文的名称是visiting scholar。学习一段时间人家的英语之后，才发现这种英文叫法并不普通。要么就简称为访问者（visitor），要么就叫访问天文学家（visiting astronomer）。在英国的一个小镇又这样折腾了一个多月。由于我的英语较好，提前离开去爱丁堡皇家天文台报到。在此之前都是集体行动，所有的安排都由中国驻英使馆教育处来负责。等到一个人去报到时，才发现困难不少。爱丁堡是苏格兰的首府，当地人都讲苏格兰英语，像是另一种外语，实在是令人头痛。

古老而又新生的英国天文

爱丁堡皇家天文台是一个十分古老的天文台，建于1818年。在英国，凡冠以皇家名称的都标志着等级很高。英国一共有两个皇家天文台——格林尼治皇家天文台和爱丁堡皇家天文台。英国人对天文学情有独钟，这和大英帝国的历史密切相关。大英帝国称霸世界时，号称"日不落国"，靠的是炮舰到处侵略。海上航行必须要用天文导航。大家

古老的爱丁堡天文台就位于爱丁堡近郊的一个小山坡上，叫作布莱克福德山（Blackford Hill）。面积很小，原初的望远镜就放在中间的圆柱形圆顶内

都知道，世界经度的划分就以格林尼治天文台为起点。20世纪中叶以后，英国的科学技术日渐落后，不仅无法与美国相比，就连苏联、德国、法国等也在许多领域走在了英国的前面。

在这种形势下，英国的科技战略是保住重点学科。1965年到1994年间，英国科技的最高管理机构叫作科学与工程研究委员会（Science and Engineering Research Council，简称SERC），在其下属的四个部门中，有一个部门就主管天文学。我在英国时，SERC的主席访问爱丁堡皇家天文台，他在报告中大谈国家的科研经费不足，但还是强调对天文学的投资一定要保证。

天文台的图书馆藏书十分丰富，甚至有我国清代出版的用文言文表述的高等数学

我到爱丁堡皇家天文台之前，对其完全不了解，只知道这里的台长是天文学家文森特·雷迪什。雷迪什是一个很有开拓精神的人，他将英国的天文学推向了世界，在海外

建造了两台大型的望远镜。一台是设在夏威夷冒纳凯阿天文台的口径3.9米的红外望远镜，叫作英国红外望远镜（United Kingdom Infra-Red Telescope，简称UKIRT），在当时是口径最大的红外光学望远镜。另一台是在澳大利亚英澳天文台的英国施密特望远镜。这是一台巡天望远镜，口径1.2米，目的是和美国帕洛马山天文台的施密特望远镜相匹配。帕洛马的巡天工作著称于世界，提供了所有的天文观测的最基础数据。但是，该望远镜只能看到北半球天区，只有在南半球建一台同样的巡天望远镜，才能把整个天区拍摄下来。由此可见，雷迪什一出手就是大手笔。为此，雷迪什不仅被授予"皇家天文学家"的称号，而且还被授勋。在英国，授勋同样是皇家行为。后来，由于和上级不和，他辞职还乡，在苏格兰的旅游区开了一家小旅店。报纸上还登了一张他修房子的照片，标题就是《皇家天文学家开旅店》。

　　皇家天文学家在英国并不是终身制，而是根据学术成就选聘，英文叫作Astronomer Royal，一定要倒过来写。英国共设两位皇家天文学家——格林尼治皇家天文台的台长和爱丁堡皇家天文台的台长。

位于夏威夷的UKIRT。这里海拔4200米，是太平洋地区的最高山峰

我到达爱丁堡天文台时，雷迪什刚刚辞职，新上任的台长叫马尔科姆·朗盖尔。朗盖尔是苏格兰人，据说苏格兰人能当上皇家天文学家还是首次，报纸上对此也是大肆渲染了一番。朗盖尔是一位全才的天文学家，实测水平和理论水平都很高，著述颇丰，在国际上的知名度很高，只要他参加的大型国际会议，一般都让他做总结发言。他的研究生们告诉我，别看朗盖尔在讲堂上滔滔不绝，回到家里惧内。1984年，朗盖尔和全家访华，由我陪同，我才近距离领略了这位天文学家的风采。他每天都要讲课，讲稿都是头一天晚上准备。有一次，他在课堂上突然腹部出血，大家很紧张。他说是手术后伤口没有完全愈合，仍然继续上课。而所有游玩的事，他一概不过问，全都让问夫人。两个小孩很小，也很可爱。我想，大凡重业务的科学家都应该有这种风范才好。

爱丁堡天文台的研究方向就是依托它在海外的两台望远镜。夏威夷的红外望远镜主要从事星系和恒星的红外观测。他们曾对剑桥的3C射电源逐一做了红外测光，取得了关于射电星系红外辐射的开拓性研究成果。而放在澳大利亚的英国施密特望远镜更是成绩斐然。原本只是做南天的巡天观测工作，但他们在望远镜的前面放了一块棱镜，叫作物端棱镜。棱镜的作用是把星光散成光谱，望远镜再把光谱成像在底片上，相当于一台低色散光谱仪。这样的望远镜加上棱镜，在摄谱仪上成的是星像的色散光谱，不需要再加摄谱仪的细缝，因此叫作无

笔者访问位于澳大利亚英澳天文台的施密特望远镜。英澳天文台在澳大利亚的中部，距离东海岸的悉尼有700千米

198

缝光谱。无缝光谱的优点是减少了附加光谱仪对光的损耗，可以拍到更暗弱的星光，也就是可以拍到更远处的天体。这一优点很快变成了这台设备的亮点，可以发现大量的类星体。我到达天文台的时候，这项研究工作刚刚起步，一批从澳大利亚运来的玻璃底片还放在那里。从此，我就开始了用这些底片寻找类星体的工作。

第一个发现类星体的中国人

1984年，英国皇家天文学家朗盖尔访问中国，由我陪同，到建国门附近的北京古观象台参观。这是建于明清时期的中国的"国立天文台"。我告诉朗盖尔这是我们祖传的天文仪器。他质疑为什么和欧洲第谷·布拉厄时代的仪器相仿。后来我才问清楚，这些仪器大都是清康熙年间制造的，完全是传教士设计的，只不过加了一些中国龙的外装饰而已。原本我们祖传的仪器都被传教士们放到炼炉里当原料了。更令我惊讶的是，我们的天文学家们一直用这些仪器观测到1929年，我看到了他们逐天的观测记录。那时，美国已经用2米望远镜从事河外星系的观测了。

一位叫基思·特里顿的研究员告诉我，在爱丁堡天文台，有两位天文学家的工作很扎实，手上的资料很多。一位是副台长拉塞尔·坎农，一位是室主任马尔科姆·史密斯。于是，我就开始了和他们的合作研究。说是合作，实际上是当人家的学生，我在这些新领域里只是知道一点儿皮毛。

当时，我几乎完全不会使用计算机。测量仪器本身复杂，更困难的是操作中使用的许多英文单词在词典上查不到。我十分感谢特里顿研究员，他耐心地教我使用计算机，讲解仪器的原理。后来，我和特里顿建立了深厚的友谊。他后来当了格林尼治天文台的副台长。特里顿对中国人十分友好。他曾给我讲过一个小故事，说他访华时，北京天文台的一位研究员

与特里顿夫妇相处得十分融洽

替他做翻译。他担心研究员的外语能力，事先将讲稿交给了他。没想到，这位研究员还他讲稿时，居然纠正了他很多英语错误。这位研究员就是沈良照先生。其实，沈先生不仅精通英语，还懂俄、法、德多种语言，每种语言都可以流利地对话。最值得敬佩的是沈先生从没有长期出国的经历，完全是自学成才。

寻找第一颗类星体，对我来说的确不是一件容易的事。我首先查找史密斯当年的工作资料，将他已经发现的类星体作为样本，看看这些类星体的无缝光谱有什么特征，研究类星体和普通恒星的区别。这是一件非常细致的工作。首先，一颗星体的无缝光谱的实际长度不到2毫米，天体的所有谱线都分布在这2毫米内，再加上每一条光谱线的宽度就是星像的大小。因此，无缝光谱看上去和普通的有缝光谱差别很大，其分辨率极低。但另一方面，也只有用这样低的分辨率去拍照，才能拍下暗弱的类星体。类星体的视星等一般都在17等以上。

工作的难度还在于，类星体本身的光谱并不是一样的，因为每颗类星体的红移大小都不一样，而光谱的形状取决于红移。对于普通恒星来说，其光谱也都不一样，恒星的光谱主要取决于它的光谱型。因此，只有把类星体的光谱和恒星的光谱区分开来，才有可能找到类星体。

天文台的工作总离不开计算机和测试仪器

A search for quasars in the Virgo cluster region

X.-T. He*Peking Normal University, China

R. D. Cannon, J. A. Peacock, and M. G. Smith Royal
Observatory, Blackford Hill, Edinburgh EH9 3HJ, Scotland

J. B. Oke California Institute of Technology, Pasadena, California, USA

Accepted 1984 June 8. Received 1984 June 1; in original form 1984 March 19

Summary. Using objective-prism plates taken with the 44-arcmin objective prism mounted on the UK Schmidt telescope, we have found 53 emission-line quasar candidates and 29 ultraviolet-excess objects (possible low-redshift quasars) in a 5×5 degree^2 field centred on $12^h 27^m$, $+13°30'$ (1950) in the Virgo cluster of galaxies. Eighteen of these 82 candidates were observed using the double spectrograph on the Palomar 5-metre telescope; 13 of the observed objects proved to be quasars. The broad-absorption-line QSO Q1232+134 is the first example of the class to show broad low-ionization absorption lines – such as Mg II λ 2798 Å – in addition to the usual high-excitation lines such as N v λ 1240 Å. Although we find no conclusive evidence for quasar–galaxy associations in this field, there do exist non-uniformities in the distribution of the quasar candidates, which may merit further investigation. These objects will provide a useful network of probes for absorbing material in the Virgo cluster. The lines-of-sight to two of the confirmed quasars pass very close to NGC galaxies; the respective projected QSO-galaxy separations are only 4 and 11 kpc at the assumed distance of the Virgo cluster.

1 Introduction

The Virgo cluster is the nearest major cluster of galaxies, and is of large angular extent. Fairly bright background quasars should therefore be available in sufficient numbers to provide an invaluable network of probes for absorbing material. This material may be expected to occur both in the intracluster medium and in the haloes of individual cluster galaxies. For example, Young, Sargent & Boksenberg (1982) have shown that spherical haloes around a typical galaxy of luminosity $L_* = 3 \times 10^{10} L_\odot$ must have an effective diameter $D = 88 (H_0/100)$ kpc for the formation of C IV absorption features with rest-frame equivalent width $W_\lambda \geqslant 0.3$ Å. Assuming a distance to the Virgo cluster of 16 Mpc (e.g. Aaronson, Huchra & Mould 1979), the corresponding angular diameter is ~20 arcmin.

*Visiting astronomer, Royal Observatory, Edinburgh, 1981–82.

笔者发现的第一批类星体，文章登在英国的《皇家天文学会月刊》上。这是中国人首次发现类星体

202

帕洛马 5 米望远镜观测记

"不到美国不算出国"

改革开放初期，出国被中国人视为一件了不起的大事。记得我国派出去的第一个访美天文代表团，是由当时的中国天文学会理事长、紫金山天文台台长张钰哲任团长，成员有六七个人，都是天文界的顶尖人物，回国后到处演讲汇报。我出国是在1980年，对我来说也是一件大事。虽然去的是英国，但当时的感觉也有点儿像刘姥姥进大观园。我们在英国的一切活动，参照标准却是美国的。美国的留学生和访问学者人数最多。为其他国家留学人员制定的政策也都以他们为准。开始时，访问学者的待遇要实报实销，很不方便。美国首先实行包干制，我们很快也就改了过来。印象最深刻的一件事，是传达当时的驻英大使黄华的讲话。他说："你们到了英国，还不算真正出国，人家说不到美国不算出国。连我也还没有出国。"美国是世界头号强国，这是不争的事实。在天文学科，它也是遥遥领先。能有机会用上美国的天文望远镜，尤其是大型望远镜，自然是我梦寐以求的事。

去帕洛马

飞机在横跨北冰洋。从飞机上望下去，一座座冰山漂浮在那里。这是从英国直飞美国的班机，走这样的航线是为沿着地球上的大圆弧，缩短航程。波音747虽然飞得十分平稳，但我的心情总是静不下来，好像在迎接一场比赛。

时间倒回到1982年，我已经在爱丁堡皇家天文台工作了一年多。台内经常有世界各地的天文学家来访并进行交流。一次，一位美国研究类星体的专家来访问，他对我们的工作颇感兴趣，建议我申请当时世界上最先进的5米望远镜去观测我发现的类星体。经过一段时间的磋商，美国帕洛马山天文台同意我们使用其5米望远镜进行类星体观测。帕洛马山天文台的5米望远镜名声在外，观测制度和世界上一般天文台颇不相同，虽说名义上也欢迎世界上的天文学家申请观测时间，但实际上绝大部分观测时间都分配给本台的天文学家。因此，当我们确知得到了三个晚上的观测时间之后，大家都十分兴奋。我们准备观测的对象是室女座星系团区的类星体，这是我到英国后的第一个研究课题。这个课题前前后后花了半年时间，在这个天区内共发现了71颗类星体候选体。现在的目的是用大望远镜对这些候选体进行分光观测，确认其是否为类星体。

从英国去美国原是十分便当的，但偏偏碰上了英国的经济衰退。我们预定了莱克航空公司的机票，没想到莱克航空刚好在我们出发前一周宣布破产了。改订英国航空的机票，又赶上该航空公司在伦敦机场的职员罢工。多亏和我一道去观测的爱丁堡天文台副台长拉塞尔·坎农博士有经验，我们改乘美航班机先飞芝加哥，再搭美国国内航线到洛杉矶。帕洛马山天文台的总部设在洛杉矶，确切地说，是在和洛杉矶相邻的帕萨迪纳，加州理工学院内。我们在洛杉矶停留一夜，第二天搭天文台的班车直驶帕洛马山。

海耳天文台

帕洛马山位于加利福尼亚州的南部，距离洛杉矶市200多千米。加州是美国最富饶的州之一，气候温暖，物产丰富。汽车行驶在高速公路上。虽然是二月中旬，但田野里一片碧绿。一个多小时后，汽车进入山区。那里森林繁茂，牛羊成群。大片大片的橘林，满挂着金黄色的柑橘。景象虽然美丽，但并没有引起我们多大的兴趣，因为倒霉的天气总也不放晴，这是眼下我们最担心的事情了。

汽车开始爬帕洛马山，云雾变得越来越浓。忽然间天气放晴，阳光灿烂。我们都禁不住欢呼起来。原来，汽车穿过了云层，再望下去，白茫茫一片云海。

1969年，帕洛马山天文台被命名为"海耳天文台"，这是为了纪念美国著名的天体物理学家乔治·海耳。海耳的半身塑像被置放在5米望远镜的入口处。实际上，海耳逝世于1938年，并没有赶上使用这台望远镜。海耳是一位太阳物理学家，他曾发明一种专门用于观测太阳活动的海耳分光镜。由于海耳的名气很大，也是建造5米望远镜的倡议人，因此，这架望远镜以他的名字命名为"海耳望远镜"。5米望远镜始建于第二次世界大战之前，大战结束，主体工程基本完成，正式投入观测工作是1949年。前后花费了15年时间，光5米镜面本身的"退火"时间就用了一年多。美国一直在使用英制，直到今天仍然如此。确切地说，该望远镜的直径是200英寸，应该是5.08米，不过

美国《时代》周刊1948年2月9日版的封面，封面人物是哈勃，背景是5米镜圆顶。内容也专门介绍了5米望远镜。那时的杂志封面已是彩色的

专门为5米望远镜落成发行的纪念邮票。当时发一封信是3美分

在国际上习惯叫作5米镜。5米望远镜建成之后，美国的《时代》周刊专门将它刊登在封面上。据说将科学内容登在《时代》周刊的封面上，这是首次。不仅如此，还为之出了专门的纪念邮票。图片中这两件珍贵的资料是北京天文台李竞研究员专门提供给笔者的珍藏品。

海耳天文台除了5米镜以外，还有一台1.2米施密特望远镜。著名的帕洛马天图就是由这台望远镜拍摄的。

天文台占地面积很大，但建筑物很少。办公和观测人员居住的一栋小楼不过20来间房，一个展览室是提供给游人参观的，常年为游人免费开放。在5米镜圆顶里开辟了一间和工作室隔开的玻璃房，游人可以在那里自由参观，欣赏天文学家们的实际工作。

等待观测

在下午的准备工作过程中，合作者约翰·欧克教授带我们参观了5米镜的各个部件。从望远镜下面望上去，这是一个庞然大物，光是供观测人员使用的观测梯就十分壮观。有一类观测是观测人员坐在镜筒里操作，吊车从镜筒的顶部把人吊入。不过这类观测工作目前都被计算机代替了，只是设备依然放在那里，为的是检修仪器和供人参观。镜面每两年需要喷镀一次，一套专用的拆卸和喷镀设备还是原来的，看上去像一辆大型的罐车，据说操作起来很便当，喷镀一次

5米望远镜。在室内拍的望远镜照片都不成功，原因是照相机的角度不够宽，只能拍到一个局部

只要两天时间就够了。

　　5米镜的主要光路是卡塞格林式的，终端可以直接拍照，也可以接摄谱仪。5米望远镜配有一台折轴式摄谱仪，它占用了两层楼高的一个巨大的房间，可同时拍几个波段的光谱。一台几层楼高的摄谱仪实在是壮观！

　　当时拍光谱的一套主要仪器是前一年才投入使用的双通道光谱仪。星光从望远镜下来后一分为二，一部分进入蓝光照相机，波长为3000～5000 Å；一部分进入红光照相机，波长为5000～10 000 Å。这套设备不仅工作波段很宽，而且灵敏度很高，观测一颗19等的类星体，只要露光1000秒就够了。获得这样的灵敏度全仰仗于CCD。CCD需要在 –200 摄氏度左右的温度下工作，冷却用的是液氮。向仪器里灌液氮很好玩，就像灌开水一样。液氮掉在地上会像水银一样到处乱滚。这台双通道光谱仪是由欧克教授设计的。前文中已经提到过欧克教授，他是一位资深的天文学家，曾建立标准测光系统，在星系团和类星体等诸多方面的研究成果蜚声世界。

一切准备工作都做好了，唯一不放心的是天气。果然，晚饭后天气变坏，开始出现了散云，四周变得雾气腾腾。这是最坏的情况——如果有高云还可以观测，低云和雾气对望远镜有害，是绝对不能观测的。宝贵的时间一小时一小时地过去了，一直等到早晨3点多钟，天空仍然云雾迷漫。我想没有希望了，但欧克教授仍坚持耐心等待。又过了两个小时，天气情况仍未好转，我们只好放弃。第一个晚上就这样白白地等掉了。

可喜的结果

望远镜的使用时间表是早已排定的，赶上阴天只有自认倒霉。第二个晚上总算老天帮忙，天空一片碧蓝。下午7点半，我们准时打开圆顶，投入了观测。

观测过程的自动化程度很高。要观测的局部天区显示在电视屏幕上，只要把观测对象放在监视屏幕的十字线中心，电子计算机便开始自动导星。两位助手帮助操纵望远镜并给计算机输入数据，观测人员只需把天体的坐标和露光时间等数据告诉他们，在电视屏幕上确认所要观测的对象，整个观测数据便往计算机的磁盘里输送了。

我们观测的是室女座星系团区内的类星体。这些类星体候选体是我在爱丁堡天文台经过几个月的辛勤工作，用无缝光谱方法一个一个地筛选出来的。

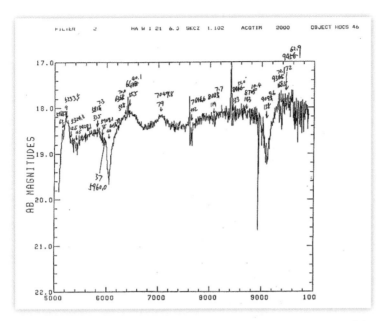

5米望远镜拍出的类星体光谱。这是红光照相机（5000~10 000 Å）
的原始记录，图中标出的是仪器测量读数和估算出的谱线波长，所有
这些谱线还必须与标准谱线波长表加以对比才能确认下来

　　第一颗类星体证认成功了，作为类星体标志的一些特征发射线清楚
地显示在另一个电视屏幕上。第二颗类星体又成功了。大家都十分兴
奋。坎农博士随即给类星体取名为HOCS（He、Oke、Cannon和Smith四
个姓氏的缩写），并风趣地说，这大概是一种鸟吧。第三天晚上天气不
十分理想。两个晚上共确认了13颗类星体。

　　在所发现的类星体中有一颗光谱结构很特殊，有两颗分别靠近两个
星系。特别是Q1222+131（HOCS 12），它被星系NGC 4374的晕所遮
挡。如果能在类星体的光谱里找到属于星系的吸收线，那就可以断定类
星体是位于星系的后面，这对于解决类星体的距离问题是很有意义的。
实际上，这正是我们这一选题的着眼点之一。

帕洛马，我会再来

三个晚上的观测工作收获的确不小。与我们合作的欧克教授是一位拥有丰富观测经验的著名天文学家。他工作认真，对人热情诚恳，还邀请我住在他的家里。由于是第一次来美国，我感到美国人的性格和英国人有很大不同。他们一般都比较主动、热情，注重工作效率，而不大注意小节。我们参观施密特望远镜时，圆顶里乱七八糟，但这里却产生了世界上著名的帕洛马天图，而且新的帕洛马天图计划不久将上马。打开先进的底片敏化器时，里面还有面包渣。主人津津乐道地向我们介绍的一件"仪器"，就是一个贴在墙上挂东西的小塑料钩。他发现用这个玩意儿在暗室里拿取玻璃底片十分方便。

这次观测取得的结果，为与海耳天文台进一步合作打下了良好的基础。这次仅仅观测了室女座星系团区内所发现的类星体总数的不到三分之一，这一研究课题将继续下去。

第四天下午，我们告别了帕洛马山。从为我们开车的黑人司机，到操纵望远镜的西班牙籍雇员，他们都表示与中国人相处几天很高兴。我学着美国音的英语说："帕洛马儿，再见，但我会再来。"大家都笑了。

30多年前，作为一名中国天文学家，能够在5米望远镜上进行观测，的确是令人激动的。这次观测的成功，极大地提高了我的研究境界。此后，我又多次来这里观测，并踏上了与美国天文学家的合作之路。

"中国－日本"类星体

"中国－日本"类星体

二战之后，日本处于百废待兴的状态。日本政府把重点放在发展经济上，被西方称为"经济动物"。之所以获此"美名"，是因为他们只想赚钱，不想创造和发明，一味地仿造而不愿做基础性研究。到了20世纪80年代，日本人已经注意到，这样走下去，经济的发展就失去了原动力，所以必须重视基础研究，包括经济效益最不明显的天文学。举措之一是派人到西方学习。我到了爱丁堡皇家天文台不久，东京天文台的冈村定矩博士也来到了这里，也是作为访问学者，在这里待了一年。由于经常见面，我们自然谈到了两国天文学的发展状况。日本当时的冈山天文台光学望远镜口径已经达到了1.88米，号称亚洲最大的望远镜。不仅如此，日本还有一台口径超过1米的施密特望远镜，在世界上的排名处在前四位。他们拥有这么好的设备，却一直没有什么新的发现。他看到我在类星体方面的研究进展后，便提出能否进行合作，争取用日本的望远镜发现一颗类星体。

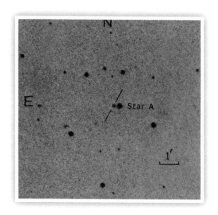

"中国-日本"类星体Q1216+
158，图中注明了天区的方位东
（E）和北（N）以及底片比例
尺，即一个角秒（1"）对应的
尺度大小

我将一颗类星体候选体的样本交给了
冈村定矩。他答应用冈山天文台的望远镜
进行观测，把别人事先排定的观测时间抽
出来观测这颗天体。1982年3月21日晚，望
远镜对准了这颗星。1.88米的望远镜将星光
聚焦在卡塞格林装置的摄谱仪上，导星系
统将目标星导在摄谱仪的细缝内，开始进
行拍照。由于星光太暗了，望远镜必须跟
踪在那里，进行长时间露光。这颗星整整
露光了120分钟，两个小时！

成功了！这的确是一颗类星体，类星
体中最典型的发射线——氢的莱曼 α 线和
碳的三次电离线被观测到。实验室波长
Ly α = 1216 Å，C IV = 1549 Å，观测到的

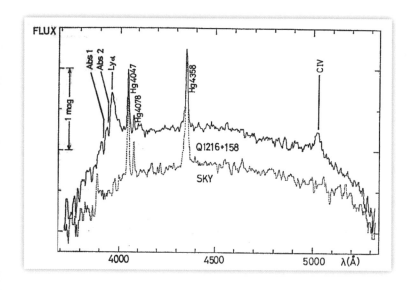

Q1216 + 158的
光谱。实线图是摄
谱仪拍下的星光的
光谱，但其中混合
着天光的影响。弱
线是天光光谱

波长分别是3963 Å和5047 Å。你不妨自己动手,用我们前面用过的红移公式

$$Z = \frac{\lambda - \lambda_0}{\lambda_0}$$

进行计算。式中λ是观测波长,λ_0是相应的实验室波长。由此得出类星体的红移值$Z = 2.259$。

这颗类星体的视星等只有17.0等,比肉眼在天空中能看到的最暗的星还要暗20 000多倍。但在类星体中,它还算是相当亮的了。

成功的消息立即电传到了爱丁堡,不仅我和冈村博士十分兴奋,英国天文学家也来向我们祝贺。这颗类星体不仅是日本望远镜发现的第一颗,恐怕也是东方国家,包括中国、印度等国家在内首次发现的类星体。为了保证这次合作成功,我在给出样品之前已经有了十足的把握,只是还没有观测红移罢了。

在分析数据过程中,日本方面一直把这颗类星体叫作"何氏天体"(HE Object)。在我的建议下,将这颗类星体命名为"中国–日本"类星体(Chinese-Japanese Quasar)。据说在当年的日本天文学会年会上,这项工作受到了特别的欢迎。正式论文发表在次年的《日本天文学会欧文研究报告》上。日本人在署名上颇动了一些脑筋。第一作者并不是搞类星体的,而是具体观测者。在我的名字之后,是拉塞尔·坎农和马尔科姆·史密斯,爱丁堡天文台的两员大将,副台长和室主任。日方真正署名的是冈村定矩(即署名中的Sadanori Okamura)和当时的木曾天文台台长高濑文志郎(即署名中的Bunshiro Takase)教授。

Publ. Astron. Soc. Japan 35, 337–341 (1983)

A Newly Discovered QSO in the Field of the Virgo Cluster

Takeshi Noguchi

*Tokyo Astronomical Observatory, University of Tokyo,
Mitaka, Tokyo 181*

He Xiang-Tao*

*Department of Astromony, Beijing Normal University, Beijing,
People's Republic of China*

Russell D. Cannon and Malcolm G. Smith

Royal Observatory, Blackford Hill, Edinburgh EH9 3HJ, U.K.

and

Sadanori Okamura' and Bunshiro Takase

*Tokyo Astronomical Observatory, University of Tokyo,
Mitaka, Tokyo 181*

(Received 1982 December 17; accepted 1983 March 4)

Abstract

This paper presents the results of follow-up observations made for a QSO candidate, Q1216+158, which was found on an objective prism plate taken with the UK Schmidt telescope.   Q1216+158 is a QSO with $z=2.259$, $V=17.0$ mag, $B-V=-0.1$ mag, and $U-B=0.7$ mag.

Key words: Photographic photometry; Quasars; Redshift.

1. Introduction

A systematic survey for emission-line objects has been made with the UK Schmidt telescope in a field of the Virgo cluster using a thin objective prism with an apex angle of 44′ (Nandy et al. 1977).   The object Q1216+158 was found as a QSO candidate in the survey.   Equatorial coordinates are

$$\alpha=12^{h}16^{m}11\overset{s}{.}2 , \qquad \delta=+15°52'55'' \quad (1950),$$

and a finding chart is shown in figure 1.

In order to identify an object detected in the survey with a QSO, determination of the redshift and colour is most conclusive.   This paper presents the results of such follow-up

---

* Visiting astronomer, Royal Observatory, Edinburgh (October, 1980–August, 1982).
' Visiting astronomer, Royal Observatory, Edinburgh (October, 1981–July, 1982).

新发现的类星体发表在《日本天文学会欧文研究报告》上

214

访问日本

由于"中国-日本"类星体的成功合作，作者在日本天文学界多少有了一点儿名气。日本东京天文台邀请我访问日本。消息是由到访爱丁堡天文台的前原英夫口头告知的。前原博士也是日本一位颇有实力的天文学家，他来爱丁堡也是为学习和了解西方的天文学，访问英国之后去参加在希腊举行的第十八届国际天文学联合会大会。有趣的是，日本的报销制度十分守旧，他必须先从英国飞回日本，再从日本飞到希腊。日本的这种近乎教义式的体制，实在需要改进。

我第一次访问日本是由日本学术振兴会资助的。顾名思义，这是日本政府为了促进科技发展和国际交流而设立的基金。资助标准分若干档次，自然是给了我最高待遇。这次在日本待了三个月，各种感触颇为深刻。

日本人的敬业精神非常值得推崇。我大部分时间住在木曾天文台。木曾天文台位于长野县木曾村。这里地处日本中西部，山清水秀，从天文学角度，并不适合作为观测台址。但在整个日本，找不到理想的天文观测地。到达木曾的当天，正赶上头一天有地震，上山的路被震裂了多处，好在还没有影响通行。但望远镜装置会不会受到影响，却是最令人担心的。于是，全台的工作人员都投入到紧张的检修工作中，加班加点。

登载在《朝日新闻》上的我的到访和介绍类星体（准星）的文章

与日本天文学家、时任木曾天文台台长石田蕙一讨论问题

这里的主要设备便是口径1.05米的施密特望远镜。经过几天的检修，没有发现有大的问题。后来我注意到，检修结束，工作人员下班后仍然不回家，每天都工作到晚上八九点钟。原来，他们为了出成果，都是长年累月地埋头工作。对于青年天文工作者来说，更是如此。日本研究人员的晋升制度既严格又死板，还要取得上司的赏识。当时的台长叫石田蕙一，他自己的家在东京。每当他在木曾值班时，你会感到大家下班的时间会更晚一些。这些工作人员的家大都在山脚下，开车要半个多小时。回家后许多人还习惯喝一顿夜酒。台长本人也是以身作则，除了睡觉比别人晚以外，还总是抢着吃台上剩下的一些饭菜。

台上有一位行政工作人员，每当我们向他领取一些文具等用品时，不仅要登记领取人、品名和数量，还要登记上该项物品还剩下多少。真是绝妙的管理技巧！

访问期间，我和日本天文学家一起到冈山天文台进行了观测。冈山天文台位于日本南部的冈山县，那里有日本当时最大的1.88米光学望远镜。当我使用这台望远镜时，其落后程度令我惊讶。当时各国的望远镜都纷纷用CCD代替了照相底片，而这里依然是进暗室装天文底片，再放入望远镜后面的照相机里，然后小心地把底片盒拉开，进行长时间露光。更有甚者，望远镜的导星系统依然是用手工操作。也就是说，观测者必须站在望远镜旁边，通过主镜旁边的导星副镜，用眼睛盯着天空中所观测的星体，不时地用手调节望远镜，以保证望远镜跟踪准确。可想而知，一个晚上都站在那里导星，是何等地辛苦。庆幸的是，这种手工活我原来就会，因为国内的望远镜也都是这种水平。日本人观测一个晚上，第二天照样工作。最初的两天我还能跟着他们坚持，到了第三天就实在坚持不住了，只好不再"客气"了。

日本人也是很崇洋媚外的，但崇的是西方人。他们告诉我，请西方的天文学家到日本访问，人家都不太愿意前往。于是，我介绍英国爱丁堡天文台的副台长拉塞尔·坎农访日。他们很是感谢。为了访日，我努力地学了几句日语。到了日本后我才理解，千万不能讲日语，只有讲英语他们才会"咳"（读音为hāi）！对中国人，日本人是瞧不起的，尤其是年轻的日本人。"文化大革命"的影响和多年来对中国的歪曲宣传，更加深了这一点。但是，年老的一些日本人，尤其是文化修养高的人，对中国还是有较深的感情的，因为他们的文化、习俗，包括文字受中国传统的影响极深。我在日期间，正遇到抗战胜利时遗留在中国的日本孤儿回国认亲，日文叫"搜肉亲"。石田教授告诉我，日本侵略中国，中国人还能收养日本孤儿，换了日本人是绝对做不到的。许多日本人明知道日本孤儿是自己的孩子或亲属，但就是不认领，怕增加自己的负担。这些孤儿只得由日本政府出面安置。

从"自力更生"到世界领先

一直到20世纪80年代初期，日本的天文学水平总体上还是相当落后的，比我们当时的水平是先进一些，但先进不了多少。他们当时最值得骄傲的是1米级的施密特望远镜和正在建设的野边山射电天文台的射电望远镜。这台施密特望远镜是由尼康公司制造的。尼康公司做普通照相机无疑是超群的，但制造的大望远镜成像质量并不好。日本人也爱背后议论，一些天文学家就故意询问我质量如何。他们所开展的研究课题也都带有模仿性，自主创新的并不多。我第二次访问日本时，在木曾天文台的简报上看到了"自力更生第一号"，心想怎么他们也提倡政治口号了。原来，这是他们用自己建造的望远镜发现的第一颗类星体。

日本人的进取精神和拼命精神，实在是太值得我们学习了。到了20世纪90年代，日本人不仅造出了CCD，而且还将红外CCD用在天文观测上。我们需要红外CCD，美国人对我们禁运，我们不得不向日本人购买。也许是日本人屈服于美国的压力，最后我们也没有买成。

日本放在夏威夷冒纳凯阿天文台的望远镜

我记得日本天文学家曾经探讨在中国建设天文台，由于日本的气候和高度城市化带来的光污染，日本本土是无法建造高水平的天文台的。后来，日本把最大的望远镜放在夏威夷，该望远镜口径达到8.2米，成为世界上最先进的望远镜之一。日本的天文学飞速发展，不仅表现在光学天文学上，在射电天文学、空间天文学、引力天文学、中微子天文学等诸领域也取得了举世瞩目的进步。中微子天文学家小柴昌俊还获得了2002年度的诺贝尔奖。

　　我在《天文爱好者》上发表过《望天兴叹》一文，其中就提到了日本天文学的发展。我们实在是需要自我反省了：为什么我们的发展速度如此缓慢呢？但愿你读完文章后，会对我的感慨产生共鸣。

跨国天文台冒纳凯阿

令人向往的夏威夷

美国的夏威夷名满全球。对于中国人来说，夏威夷更有着一层亲近感和神秘感。孙中山闹革命，夏威夷是他的起家地之一。日本人挑起太平洋战争，首先偷袭珍珠港。中国人和美国人经商，也是首先从夏威夷开始的。夏威夷在天文学上还能写上一笔，知道者却很少。我也是到了英国之后，才了解到夏威夷在天文学界的地位。前文提过，英国爱丁堡皇家天文台在夏威夷建有观测基地，配备红外望远镜。不仅是英国，其他国家也都在那里设有大型望远镜。

我在爱丁堡天文台待了两年（1980年～1982年），刚开始时，孤身一人，只知道工作。每天早上从住处步行到天文台，午饭自备，又因为住处看书不方便，晚上七八点钟以后才回家，几乎在天文台待一整天。星期六和星期天也基本如此。时间长了，总得找些业余活动，何况我本来就是一个爱玩的人。我发现他们有一个工会组织，经常组织职工开展各种文体活动，参与这些活动的积极分子自然是年轻人。我当时还算年轻，主动参加了他们的乒乓球、羽毛球和冰壶运动。我的乒乓球水平还是相当不错的，当年是北京师范大学的校队主力，小小的天文台当然找不到对手。羽毛球水平虽然不高，但也在中等以上。冰壶我是第一次见到，打起来很有意思。由于我有一定的体育基础，很快也表现得不错。在和这些年轻人交往的过程中，我认识了多位研究生。这里的研究生都属于爱丁堡大学天文系，而天文系和爱丁堡天文台基本上是合二而一，因此，研究生的学习生活都在天文台。

在我认识的研究生中，有一位叫克里斯·英庇的，后来成为一位著名的天文学家。我到夏威夷便是英庇博士引的路。英庇博士从爱丁堡大学毕业之后到夏威夷大学天文研究所做博士后。博士后是研究生毕业之后一时找不到正式工作岗位的一个过渡，一般是2～4年。慢慢地，博士后也演变为一种工作岗位。英庇博士在爱丁堡时就对我做的工作感兴趣，到夏威夷不久便向我发出邀请，一起使用他申请到的望远镜观测时间，进行有关类星体的观测。

记得是1983年5月，我开始了向往已久的夏威夷之行。当时去夏威夷还很不方便，我先到香港，再由香港转机。

一到夏威夷，一片热带风光，到处是椰林、海风加海浪，我的情绪也特别高涨。我们到达的实际是夏威夷的首府火奴鲁鲁，火奴鲁鲁并不在夏威夷岛上。夏威夷岛是夏威夷群岛中最大的岛屿，冒纳凯阿天文台便位于夏威夷岛的山峰上。准备了几天之后，我和英庇便投入了天文观测。

上山观测

夏威夷大学也是天文系和天文研究所合二为一，都在火奴鲁鲁。我们去冒纳凯阿天文台观测，还必须先乘飞机从火奴鲁鲁到夏威夷岛。小飞机大约飞行40分钟便到达夏威夷岛的希洛国际机场。在机场有天文研究所的公用车，英庇已事先拿到了钥匙。于是我们开了一辆马力强劲的越野车，直奔山顶。夏威夷海滩的美丽早已为世人所知，但山上的惨景却鲜为人知。夏威夷岛是一个火山频发的地带，至今仍不时呈现活火山。一驶上山路，满目苍凉，到处是乌黑的石头。这些都是火山灰形成的，拿起来一看，和真的石头相去甚远，相当松软，甚至可以用手掰碎。我挑选了一块作为纪念，放在包里，同时记住了一个很少用的英文单词lava（火山岩）。山脚下繁茂的树林越来越少，偶尔有一片树林，但树木往往是缺头少脚。这种树林叫作过火林，火山把它们点燃，却没有把它们完全烧死，大自然又让它们顽强地复活，新的嫩枝硬是在焦炭般的枯枝上冒了出来。路上车辆很少，爬过一段路之后已完全没有了居民，因为这里已不适合居住。不久，我发现了一个奇怪的现象——这里的公路非但不先进，而且弯弯曲曲，弯曲的程度令人难以置信。英庇告诉我，这些公路是第二次世界大战期间的战备路。修建冒纳凯阿天文台时，为了节约经费，仍然使用它们。原来，珍珠港事件之后，美军为了躲避日军的空袭，故意把公路修得弯弯曲曲。事实上，珍珠港事件之后，日本人的飞机再也没有进入过美国的领空，那次偷袭已经是日本的强弩之末了。

夏威夷岛的确面积广阔，再加上山路难行，我们的车总也开不到，大约走了两个多小时才到达目的地——一个专为天文台使用的招待所。这是一个国际性的招待所，由美国、英国、法国和加拿大共同经营，所有来天文台观测的工作人员都先下榻在这里。这里海拔3500米，据说这是一般人能够适应而不至于出现高山反应的极限。我们在这里抓紧时间做了最后的准备工作，及早吃过晚饭，不到6点钟，便驱车直奔山顶。向往已久的山峰马上就要到达了，心里十分激动。山顶的高度是4200米，

222

由3500米爬向这一高度就好像坐飞机升空一样，耳朵出现了轰鸣的感觉。这是我生平第一次爬上这样的高度，再加上高山反应的宣传，心里自然会有一些紧张。等到达山顶之后，发现一切都很平静，氧气瓶就放在那里。观测助手问我是否需要，我说："一切正常，谢谢。"

我们使用的是夏威夷大学天文研究所的2.4米望远镜，观测目标仍然是发现新的类星体。我们总共申请了三个晚上的时间，观测进行得十分顺利。天天傍晚上山，天亮后必须下山回招待所。山顶上不允许天文学家连续待24小时，否则会产生潜在的高山反应。在山上观测，印象最深刻的是早晨的日出。工作一个通宵，望远镜的监视屏幕显示的星星越来越稀少，天开始蒙蒙亮了。我们只好走出观测室，呼吸一下新鲜的空气。啊！茫茫的大海映入眼帘，东方开始发红，朵朵的白云和红霞都坠落在脚下。真感到像天仙一般腾云驾雾，俯瞰地上的人间。太阳快要出海了，东方

在上山的路上手举两大块火山灰岩石

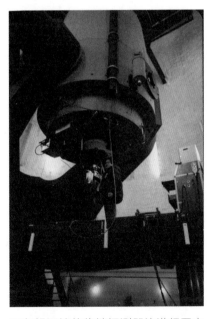

正在望远镜的终端探测器边进行天文观测前的准备

223

我在山顶拍下
的日出景象。
茫茫大海映着
旭日霞光，其
迷人程度令我
终生难忘

变得越来越红，突然，一团火轮冒出海平面，跳跃着向人类点头。原来，日出时太阳并不是慢慢地连续上升，而是一蹦一蹦地向上跳，过一会儿太阳升出大半个以后，跳跃的感觉才消失。至今，我也没搞清楚其中的原因。夏威夷山顶的日出使我终生难忘。

　　三个晚上的观测过得很快。虽然每个晚上都在4200米的山顶过夜，但并没有任何不适的感觉，自然也就没有动用过氧气瓶。唯一的小问题是嘴唇干裂了，山顶的气候如此干燥，完全像是处在沙漠地带。这也是把这里作为天文台址的重要原因之一。只有湿度很小，才能兼做红外和毫米波的观测，否则潮湿的大气会把这些波段吸收掉。冒纳凯阿山峰是环太平洋地区的最高山峰，山顶经常是处在云层之上，因此形成了干燥且少雨的气候，成为世界上最好的天文台址之一。下山之后，英庇建议休息两天，我们游览了珍珠港和海洋公园。最令人陶醉的是夏威夷的海滩，这里的沙滩沙粒均匀，细腻舒适，不同的地段居然有不同的颜色，有白色的和粉色的。海上有冲浪者。背后的山上有人在玩悬挂式滑翔（hang gliding），即在山坡上用手抓住一个人造"翅膀"飘向山下，看谁飘得最远。这也是我第一次看到这种运动。海滩上则漫步着大批的游戏者和日光浴者。

类星体的副产品——矮星系

科研中，研究一种东西，往往会无意中发现另一种东西，而被无意发现的东西却常常比刻意研究的东西来得更重要。天文研究中，这种现象似

夏威夷有一个有趣的景点，叫作"中国人的草帽"。英庇为我拍摄的这张照片，刚好是把帽子戴在头上

乎就更多一些，类星体就是无意中被发现的。天文学家们很早就发现一些星系的光谱具有发射线。最早的一颗发射线星系是NGC 1068，是由美国天文学家维斯托·斯里弗于1918年发现的，后来证实这是一个赛弗特星系。具有发射线的星系往往是比较活跃的星系，大部分都属于具有活动星系核的一类。

前面曾提到，在发现类星体的方法中有一种方法叫作无缝光谱方法，这种方法也是在研究别的课题时无意中发现的。20世纪70年代初，帕特里克·奥斯默和马尔科姆·史密斯用物端棱镜去寻找发射线星系[*]，后来发现用这种方法寻找类星体也十分有效，从而产生了发现类星体的无缝光谱方法。UKST（英国施密特望远镜）的物端棱镜底片本来主要是用以寻找类星体的，后来我发现，用它寻找发射线星系也十分有效。有一些很小的星系，在UKST的直接照相底片上，看上去就和一颗普通的恒

---

[*] 发射线星系：一般星系的光谱线都是吸收线，只有少数的星系光谱中有发射线。这类星系大都具有高温的稀薄气体。

225

在UKST的底片上，不仔细划分就会把矮星系和类星体混为一谈。图中用EG标出的是矮星系，其余是类星体

星差不多。其实它们是一个个河外星系，我们把这种星系叫作矮星系。在矮星系中，有一类具有发射线，叫作发射线矮星系。我们在寻找类星体时发现的副产品，就是这类星系。当然，把它说成副产品也不一定恰当，因为当年奥斯默和史密斯是把它当作"正产品"，却找到了副产品类星体。

发射线矮星系的重要性开始时并没有引起我们的重视，后来我们在研究室女座星系团中的类星体时，注意到它的数量相当多，才把它作为一类天体进行观测。这次在冒纳凯阿的类星体观测，就发现了许多发射线矮星系。

发射线矮星系不仅属于活跃的星系，更重要的是它是一类刚刚形成的年轻的星系，在星系的演化过程中具有重要的意义。我们将这次观测的结果，加上后来的一些观测，专门写成了一篇论文，叫《室女座星系团中的发射线星系》，发表在英国《皇家天文学会月刊》上。后来，英庇又在矮星系方面做了许多研究工作，成为这个领域的权威之一。

今日冒纳凯阿

"冒纳凯阿"一词是当地的土著民族用语，意思是"白山"。和美国的其他领土一样，现在这里居住的大多是外来民族。夏威夷的土著民族叫作Kanaka（卡纳卡人），属于太平洋岛屿的一个民族。冒纳凯阿天文台建于1979年，很快被世界公认为最好的天文台台址。前后来这里建造和安装大型望远镜的有美国、英国、加拿大和日本等。20世纪70年代，世界天文学家对大型望远镜的看法发生了一次革命性的变化。在此之前，大家一致认为，地面上建造口径5米级的望远镜已经达到极限了。虽然从理论上说，望远镜越大，收集到的光越多，自然威力也越大。但是，由于大气本身的抖动，影响了星像的清晰程度，望远镜再大也无济于事。后来，天文学家们发展了一种新的技术，可以在望远镜镜面背后加上一套微调装置，根据大气的抖动情况，随时调整望远镜的镜面，把大气的抖动影响矫正过来，这套技术叫作自适应光学。这样一来，大气对星像的影响消除了，望远镜自然造得越大越好。冒纳凯阿天文台之所以得到青睐，正是由于望远镜口径的这次革命。

在冒纳凯阿天文台的诸多大型望远镜中，最著名的当然是凯克望远镜。我20世纪80年代初第一次访问美国时，便听到了有关凯克望远镜的故事。在当时的美国，几家大台都在争建10米级的望远镜，其中有基特峰国家天文台、得克萨斯大学的麦克唐纳天文台、加州理工学院……建大望远镜的关键是资金，各台的台长和大天文学家们都参加了竞标，最后，加州理工学院脱颖而出。原来，加州理工学院是一所私立大学，主要靠学校的董事会来支持。在向董事们要钱的过程中，有一位叫作霍华德·凯克的董事说"要么我一分钱不给，要给就给8000万（美元）"，意思是他要独家赞助。我到美国时，此事已经谈

227

冒纳凯阿山上的望远镜群，最显眼的便是凯克I和凯克II

目前世界上最大的口径1米的叶凯士折射望远镜，建于1897年。这是爱因斯坦1921年参观该望远镜的照片

成。大家都很高兴，在加州理工学院天文系的旁边租了房，建立了凯克望远镜总部办公室。不久，凯克本人过世，他的子女对此事并不热心。因此，8000万变成了一个死数，不可能再有追加。为了减少通货膨胀的影响，只能加速建造。凯克望远镜是一台由36块小镜面组成的10米口径望远镜。在实验室的中间实验是成功的，没想到做出来之后出了问题，36块镜面不能共焦。此事震动了美国天文界，承包公司为了名誉，重新投入人力和物力，终于获得了成功。凯克望远镜开创了用小镜面组建大镜面的先河，此后再建多大口径的望远镜原则上都不会再有困难了。由于凯克望远镜的成功，1996年又建成了同样口径的第二台，叫作凯克II。目前，凯克I和凯克II可以通过光学干涉的原理，联合起来变成一台超大型的望远镜。

在西方，尤其在美国，富豪解囊赞助公益事业和科学事业者屡见不鲜。目前，世界上最大口径的折射望远镜叫作叶凯士望远镜，口径1米，属于美国的叶凯士天文台。当年，企业家查尔斯·叶凯士濒于破产，他的属下劝他不如把剩下的一点儿钱捐台望远镜，还可以留个虚名。没想到，此事令业界吃惊——他居然还有闲钱造望远镜，想必买卖不错。叶凯士因此东山再起，又成了富豪。

冒纳凯阿拥有的大型望远镜

名称	口径	建成年代	国家
凯克 I	10 米	1993	美国
凯克 II	10 米	1996	美国
昴星团	8.5 米	2000	日本
UKIRT	3.9 米	1979	英国
CFH	3.6 米	1979	加拿大、法国、美国
James Clerk Maxwell	15 米	1987	英国、加拿大、新西兰

我们也曾多次议论，能否劝说我国的富人也捐台望远镜，结论是目前的可能性很小。也许还得过几十年，我们国家的富人捐建的天文望远镜才会出现吧。

英庇博士目前是亚利桑那大学天文系的系主任、国际上知名的天文学家，2006年9月曾应邀来华讲学。回想起我们20多年前在夏威夷的工作，翻看那时的照片，真是感慨万分

美国的天文城图森

在美国本土，由于工业化和城市化的影响，适宜做天文观测的地方越来越少。几个传统的天文台，周围的环境日益恶化。我在帕洛马山天文台进行观测时，站在山顶上远望，会看到两片"灯海"。一片来自西北方向的洛杉矶市，一片来自西南方向的圣地亚哥市，虽然这两座城市与天文台的距离都在200千米左右。美国天文学家慢慢意识到，寻找新的天文台址，除了要考虑自然条件以外，还必须考虑人文环境和经济发展情况。找来找去，只有处于沙漠地带的亚利桑那州最合适了。

使用 MMT

1985年我第一次踏足图森，是为继续和克里斯·英庇博士的合作。这时，他已经升为亚利桑那大学天文系的副教授。美国大学的教师职称和我们的有很大差别，副教授有两种叫法：associated professor和assistant professor。前者是真正意义的副教授，后者是所谓的助理教授，实际上是讲师，因为在美国的大学里没有讲师。

我们申请的望远镜是多镜面望远镜（Multi-Mirror Telescope，简称MMT）。前面曾提到，MMT是一台组合型的望远镜，由6台1.8米的望远镜组合在一起，相当于一台4.5米的望远镜。我们的观测对象仍然是类星体的候选体，这些候选体是用无缝光谱方法获得的，用MMT逐一进行光谱观测，测出红移，予以证认。

MMT属于斯图尔德天文台。该天文台就设在亚利桑那大学，和亚利桑那大学天文系合二而一。有些天文学家"一仆二主"，同时为两家单位工作。在美国，纯研究所是不能收研究生的，只有大学才允许。因此，在天文台工作的天文学家，往往在大学挂名，目的之一是能够带研究生。

我在MMT观测期间遇到了一位富婆。一天，台长告诉我有一位wealthy lady要来参观。不一会儿，一架直升机降落在天文台的小山包上。台长热情地接待了这位天文爱好者。我在旁边听台长用通俗的语言讲解了一通"神秘的天文"，以及斯图尔德天文台的历史。临走前，台长问她，台里一位客人能否搭机回图森城里，她表示欢迎。于是，我便过了一把直升机的瘾。飞机在亚利桑那州的上空盘旋了半个多小时，我饱览了古老的教堂、著名的陨石坑、高耸的仙人掌林……直至飞机降落到了我住所的旁边。这位富婆来自得克萨斯州，就住在图森附近的一座绿洲庄园里。亚利桑那州虽然是美国的大沙漠，但这里阳光充足，许多富人愿意住在这里。这位来自得克萨斯州的富婆显然是和石油有关。第二年，我再来MMT观测时，听说她赞助了20万美元给天文台。我听说过的另一个美国富人更精彩。大概是1986年，加州理工学院天文系的毫米波干涉仪举行揭幕仪式。这台设备在当时是世界上最先进的设备，是由3台毫米波段射电望远镜组成的干涉阵，地点在欧文斯谷，位于加州的中部山区。我和欧克教授应邀参加了竣工典礼。在揭幕式上讲话的有一位中年妇女。美国人告诉我，她不是天文学家，而是赞助商。"你知道她多有钱吗？她家的客厅有一条小河流过。"

走进基特峰

我上大学时就知道了基特峰国家天文台。那时因为参加修建中国第一座太阳塔，开始关心天文。当时的《天文爱好者》杂志上登了一张照片，介绍基特峰的太阳塔。几个人围在直径有60厘米的太阳像旁边进行观察。一个望远镜能成这么大的像，真了不起！

基特峰国家天文台始建于1958年。这一年，基特峰台址被确认，开始动工建设。在此之前，天文学家们用了三年的时间，寻遍了美国国内大小150个山头，最终认为基特峰的台址最好。选一个好的天文台址并不容易，从天文角度，要求气候干燥，晴天日数多。此外还有一个重要的指标，就是视宁度要足够好。所谓视宁度，指大气的宁静程度。我们平时看天空中的星星在那里一闪一闪，就是由于大气抖动产生的。大气抖动造成星像的抖动，望远镜里看到的星像质量就会变坏。视宁度用角秒来表示，即大气抖动的幅度。好的台址，要求一年中大部分夜晚的视宁度小于一个角秒。具有这种条件的台址在世界上屈指可数，基特峰便是其中一个。另外，这里是美国的欠发达地区，周围全是沙漠，工业污染和光污染都很轻。

基特峰国家天文台是由美国国家科学基金会（National Science Foundation，简称NSF）支持的，由美国的十几所大学联合共建。到了1982年，NSF将三座天文台组建成美国国家光学天文台（National Optical Astronomy Observatory，简称NOAO），包括基特峰国家天文台、位于新墨西哥州的萨克拉门托峰天文台和位于智利的托洛洛山美洲天文台。

从此，国家光学天文台就成了美国最大的天文台，而基特峰国家天文台本身也就是美国综合实力最强的天文台。顺便提一下，与美国国家光学天文台对应的，是美国国家射电天文台（National Radio Astronomy Observatory，简称NRAO）。NRAO是美国最大的射电天文台。

由于是国家的天文台，再加上由十几所大学共同管理，因此山上的天文望远镜很多，有属于某一所大学的，也有属于军事部门的。其中最大的一台望远镜口径为4米，我曾经用这台望远镜观测新发现的活动星系核。由于这里的天气条件优良，每台望远镜又各具特色，因此，这里的科研工作一直处于世界领先水平。主要研究领域包括星系的形成和演化、活动星系核和类星体、宇宙的大尺度结构以及恒星和星际分子等。

基特峰国家天文台拥有世界上最先进的太阳塔。这座太阳塔是斜式的，塔顶放置一台专门的望远镜，叫作定日镜，定日镜把太阳光引到塔的底部成像。为了减少温差引起的上下对流，一方面用一块透明的平面

天文台圆顶环绕的基特峰，最高处是一台4米的望远镜，近处的斜塔式建筑便是太阳塔

观测完了，在4米镜
外留一个影

镜封住塔筒的顶部，另一方面把拍摄太阳光谱的整台光谱仪抽为真空。就是这样一座先进的设备，到了20世纪80年代中期，新上任的天文台台长居然想把它关掉，理由是关于太阳的研究已不再是天文学的主流，有关太阳活动的预报，完全可以由空间观测代替。由于太阳研究者的极力反对，最终没有被关掉，但此后的重视程度可想而知。这反映了美国科学工作者的务实精神。联想到我国天文学科的设置，人为因素太大。例如天体测量学，我们一直列为国家的重点，实则在国际上早已不受重视。我曾在陕西天文台参观天体测量的大批设备，这些设备后来全都成了一堆废铁。

基特峰国家天文台所在地每到
夏季经常有暴雨天气，雷电交
加，十分壮观。作者也曾亲身
经历过

基特峰和印第安人

　　基特峰位于索诺拉大沙漠的昆兰山脉，该山脉横跨亚利桑那州。亚利桑那原本是美国的一个小州，地处美国本土的中南部，与墨西哥接壤。这里是一片沙漠，绿色植物稀少，只有巨大的仙人掌。仙人掌的生长速度很慢，每长出一个枝杈，需要上百年的时间。因此一棵有三四个枝杈的仙人掌已经有三四百年的历史了。生长慢的原因和雨水少有关。这里只在夏季有一点儿雨。雨水来了，它们就饱饮一次，一棵仙人掌一次能在体内存下几百升水，然后维持一年。这里的沙漠和我们想象的很不一样。沙漠中并没有细沙，也不扬尘，到处长着干枯的野草和低矮的灌木。显然，从自然生态的角度来看，这里是不适宜人类居住的。

　　欧洲人入侵美洲以后，大批的印第安人被赶到了这里。在从图森到基特峰的路上，途径多处印第安人的保留地。保留地离开公路都很远，只有公路旁的邮箱和路牌显示着它们的存在。至今，传统的印第安人仍然很贫穷。基特峰国家天文台台长理查德·格林告诉我，他每年都要资助保留区一些钱。印第安人似乎并不买账，他

巨大的仙人掌满山遍野，十分壮观

235

沙漠中没有树林，小鸟也学会因地制宜，在仙人掌上凿个洞做巢

印第安人的两幅岩画。上图发现于怀特梅萨（White Mesa）的一个洞穴里的一面岩壁上，下图发现于纳瓦霍峡谷（Navaho Canyon）

们宁愿过苦日子也要住在一起，说自己的语言，从不忘记历史上的深仇大恨。一些好心的美国人也试图走入印第安人的社会，帮助他们。电影《与狼共舞》就是一个写照。

1955年，美国天文学家威廉·米勒宣布了一条有趣的天文消息。他花费两年时间在亚利桑那州进行考察，在印第安人的保留地发现了两幅刻画在石头上的古画。米勒认为这两幅画表现的就是1054年我国记录到的超新星爆发，即"天关客星"。理由是在发现这两幅画的地点，同时发现一些碎陶片，分析碎片的年代，大致在1054年前后。另外，如果是行星接近月亮，这是经常看到的现象，不会引起注意，只有像超新星爆发之类的异常天象才会使人特意把它们画下来。米勒的分析和判断过于牵强，连他本人也认为应该进一步调查。我也曾到印第安人居住过的地方参观他们的岩画。岩画的确很多，但实在看不出有什么象征性和艺术性。我的结论是：当年殖民者对他们大开杀戒，他们只好在岩石上进行宣泄。

现今的保留地是印第安人集中居住的地区。亚利桑那保留地多，因为那里都是不毛之地，而不毛之地往往适合天文观测。基特峰原本叫作"奥里嘎姆（Ioligam）"，是当地一种绿色树木的名称。1874年，殖民者乔治·罗斯克鲁格来到亚利桑那，成为当地的大地测量专员。他将这座山峰以他姐姐的名字Philippa Kitt命名，这座山峰此后就被称为基特峰（Kitt Peak）了。

名副其实的天文城

图森成为美国的天文城，得益于天气晴朗，气候干燥，大气视宁度好。再加上经济不发达，光污染小，亚利桑那的一个个山峰都成了最好的天文台址。除了基特峰和斯图尔德天文台，美国国家射电天文台和美国国家航空航天局（NASA）等单位也都在这里设站，就连罗马教皇也投资了一台5米级的大型望远镜。这么多的天文设备，需要大批的人才，于是亚利桑那大学应运而起。这所大学原本名气不大，近年来由于州政府的鼎力支持，据说已挤进美国大学的前15强。大学里有一个独立的天文系，还有一个行星系，行星系的规模比天文系还大，为美国的太空开发服务。此外，物理系内还有一批天文专业，主要从事太阳物理和宇宙学方面的研究。有几位华人教授在这里执教，其中一位是范章云先生。范先生从事太阳物理、行星际空间探测等多方面研究，在美国天文界颇有名气。范先生早年留学美国，已年近九十，但爱国之心浓浓。他专门申请项目与国内的天文单位合作，热心帮助大陆的来访者和留学生。北京天文台目前使用的全天巡天光碟就是请范先生购买的，由我手提带回北京。

2.16 米的 OMR 摄谱仪

对我来说，在天文城最有意义的一件事是为我国目前最大的2.16米光学望远镜购置摄谱仪。20世纪90年代初，我国天文界实施了第一个大型"攀登项目"——天体剧烈活动的多波段观测和研究。为了开展这个项目，决定为2.16米望远镜配置一台先进的终端设备——卡焦摄谱仪，这项工作由我负责。为此，我花了大约两年时间调研、设计和订货。最后，交由美国的一家公司制造。为了保证仪器的质量，交货前在基特峰天文台的2.1米望远镜上进行了两个晚上的实测，台长格林亲自帮助检测。不料，在成像质量上出了问题：中心像质好，边缘像质不佳，因此必须对光学系统进行修复。厂家表示可以修，但要加钱。钱已经付了，我们多一分钱都没有。无奈之下，只好诉诸法律。没想到律师写份状子就要上千美元，更何况官司还不一定打赢。焦急之中，我得到了著名天文学家、《天体物理学报》主编赫尔穆特·阿布特的援助。他先把基特峰的有关专家请来，问清楚责任归谁。大家都说Dr. He有理。于是阿布特替我与厂家争辩。厂家考虑到今后还要与美国天文界打交道，只好答应免费修理。摄谱仪安装在我国的2.16米光学望远镜上之后，取得了很多成果。1996年的专家验收报告上写着："这是一台高性能和高效率的仪器，达到了90年代国际上同类仪器的先进水平。"目前，这台设备仍在2.16米望远镜上正常使用，国内几乎所有的新天体的发现都是由它完成的。我感到十分欣慰，为之奔走的两年时间十分值得。

热情帮助我们的阿布特是一位真心热爱中国和关心中国人的天文学家。他担任《天体物理学报》的主编长达29年，目前还是我国《中国天文学和天体物理学报》（简称ChJAA）的国际顾问。他为提高ChJAA

的学术地位尽了很大的努力，终于使之进入SCI的行列。多年以前，他便个人出钱建立了"张钰哲奖"，每年奖励我国有成就的天文学家。虽然奖金不高，但这番心意令人敬佩。阿布特对中国的友好还表现在喜欢中国的文化和艺术上。他收藏了许多中国的玉器和艺术品。更有趣的是，他特别喜欢中国的京剧。他每次到北京，我的任务之一便是陪他去看京剧。他还买了许多京剧影碟。我每到图森，必到他家做客。我发现他会把看过的京剧一再复习、逐一记录，再为他的美国朋友讲解。阿布特的工作精神超过了雷锋，他每天都工作到深夜两三点钟，节假日也是如此。他的办公室就设在基特峰总部，每晚最后灭的一盏灯总是阿布特的。

你好，南十字座

走进澳大利亚

凡到过澳大利亚的人，都被澳大利亚优美的自然环境所吸引。对于天文工作者来说，吸引力更大的是它处于南半球，在那里可以看到北半球看不到的星空。澳大利亚人很聪明，知道充分利用自己的优势，把南十字星座镶在了国旗上，这在全世界是独一无二的。澳大利亚国旗是一个米字旗的背景，表示仍是英国的伙伴，一颗大七角星代表六个州和一个地区，此外就是繁星点点的南十字座，该星座在南半球星空中的确很突出。

澳大利亚人在讲述自己的历史时，总是以英国航海家詹姆斯·库克为起点。1770年4月29日，库克率船员登陆澳大利亚东岸的植物湾，并沿岸北上，开始了英国对澳大利亚的占领。后来，英国将澳大利亚作为流放犯人的地方。这些人在英国是犯人，到了澳大利亚就成了"老大"，欺负当地的土著民族。1788年1月26日，英国派遣的首任总督亚瑟·菲利普率领船队到达这里。船上有700多名犯人和一支1200多人的海军队伍。亚瑟·菲利普正式宣布澳大利亚为英国的领地。后来，澳大利亚就将这一天定为国庆日。

其实，最早登陆澳大利亚的是中国人。史载，明朝郑和下西洋，曾于1432年到达北部的达尔文港。17世纪初，荷兰人也曾到达这里。枪杆子里出政权，最终，澳大利亚落入了英国人手中。澳大利亚的历史和美国类似，定居下来的白人将土著民族几乎赶尽杀绝，再从英国殖民地中独立出来。经过艰苦的争取，澳大利亚于1931年才成为英联邦旗下的一个独立国家。

在西方人眼里，澳大利亚属于"番夷之邦"，连澳大利亚的英语也被讥笑为既不是英国英语，又不是美国英语的"乡巴佬英语"。美国人戏称，澳大利亚人来美国学习，需要考"托福"。但是，澳大利亚人自有聪明之处。近几十年，他们充分挖掘了自己的优势——地广人稀、各种天然资源丰富，逐步把自己打造成为西方式的强国。在科学领域，天文学更是他们具有得天独厚优势的项目，经过几十年的发展终于跨进了世界先进行列。

南半球最大的天文台——AAO

英国在鼎盛年代，号称"日不落国"，海军舰队游弋于全球。海上行动，必须使用天文导航，因此，英国人一向重视天文学。第二次世界大战之后，英国已衰落为二流国家，唯独天文学仍处于一流水平。为了克服英国本土天文观测条件太差的缺陷，英国主管科学的最高机构——科学与工程研究委员会把目光延伸到了海外。他们选择了三个地方：美国的夏威夷、西班牙的拉帕尔马岛和澳大利亚。显然，澳大利亚无论从地理位置上还是政治条件上都是首选。20世纪的60年代，正当我们轰轰烈烈地搞"文化大革命"时，他们开始与澳大利亚合建南半球最大的天文台——英澳天文台（Anglo-Australian Observatory，简称AAO）。

　　英澳天文台位于悉尼西北部一座海拔不高的小山上。这座山叫作赛丁泉山，距离悉尼市大约500千米。天文台的主要设备有两台：一台3.9米的反射望远镜和一台1.2米的施密特望远镜。当时，这两台望远镜在南半球都属于最大的，天文台的规模和水平也属于最高的。兴建天文台的英方功臣是文森特·雷迪什。雷迪什是一位很有远见的天文学家，他本人在业务上似乎并没有太大的建树，但在弘扬英国天文学方面却功不可没，后来被封为英国的皇家天文学家。他主持建

位于赛丁泉山上
的英澳天文台

造的几台先进的海外大设备，使英国的天文学又重新可以和美国叫板。20世纪80年代初，我在英国时，正值哈雷彗星回归。从望远镜中看到哈雷彗星和从肉眼中看到它要相差几年。英国人和美国人都在争回归的发现权，这件事一时间成了新闻热点。哈雷彗星的出现方位早就算清楚了，关键是谁的望远镜能第一个发现。世界上有竞争能力的只有两台望远镜，一台是美国的帕洛马山的施密特望远镜，另一台便是AAO的施密特望远镜。这次竞争结果还是美国人占先，英国毕竟不是当年的大英帝国了。

我在英国从事类星体的发现工作，一开始用的便是AAO的观测资料。一张张施密特望远镜的巡天底片要从澳大利亚空运到英国的爱丁堡，每张底片的运费在当时要200美元。英国的天文学研究生，毕业之后也往往到这里做一段博士后的工作。20世纪80年代后期，我终于来到了AAO。时任台长的拉塞尔·坎农博士正是我在爱丁堡皇家天文台时的副台长，曾和我一起到美国的帕洛马山天文台用5米望远镜进行过天文观测。

坎农亲自开车从悉尼奔向AAO。由于不是高速公路，又途径沙漠地带，将近500千米的路，开了六个多小时。一路上人烟稀少，几乎见不到人，也见不到车。这里的沙漠和我们理解的沙漠很不一样，仍然有一些丛生的杂草和不时出现的成群的牛羊。坎农告诉我，由于澳大利亚政府重视生态保护，这里的沙漠面积在逐年减少，只有深入到澳大利亚的腹地，才能见到真正的沙漠。接近AAO时，我们见到了一个小村庄。小村庄的人大都以放牧为生。由于这里缺少劳力，他们的放牧方式都是开放式的。仅在牧场周围围一道简单的篱笆，不让牛羊走失。牛羊常年吃住在野外，必要时，牧人会放出牧羊犬将牛羊赶回家。

坎农台长不仅和我关系密切，和中国天文界也十分友好，他曾多次

我和我太太在坎农台长家里做客。照片最右边的长者是坎农的父亲

访问中国。我在AAO时，正值我国的一个天文代表团访问那里，目的是了解国外大望远镜的建造、使用和维修，为我国建大望远镜做准备。坎农让我做翻译，使我了解了不少望远镜的建造细节。AAO的施密特望远镜是坎农亲自安装和调试的，他和另一位英国天文学家基思·特里顿一起，安装调试了一年多的时间。望远镜在制作时，焦距系统、极轴位置和跟踪系统等部位必须预先留出可调节量，调节螺丝的移动和固定都要方便。微调，试观测，再微调，再试观测，就这样用掉了一年多的时间。噢！原来一台望远镜要做如此细致的工作，才能使之运转良好。为了帮助中国人，坎农还将他可以支配的一台小望远镜的观测时间拨给一位从事恒星研究的中国天文学家，让他多次到澳大利亚观测。

坎农是英国人，具有典型的英国知识分子作风，或者叫"绅士作风"。英国人不像美国人那样爱动感情，但一旦交上朋友，就会很真挚。我儿子初到澳大利亚学习，坎农居然登门去看望他。事情虽小，颇见真情。坎农的家庭观念倒是很中国化。他夫人是葡萄牙人，心直口快，在家里显然是一把手，动不动还要批评丈夫几句。坎农的父亲经常千里迢迢从英国来到澳大利亚，住在坎农的家里。这在西方家庭里是很少见的。由此可见，坎农夫人肯定是一位十分贤惠的妻子。

坎农做AAO的台长长达十年之久。问及他台长的主要任务是什么，其回答是保证望远镜正常运转。AAO的总部设在悉尼，他每个月至少要上山一次，确保两台望远镜正常运转，因维修和故障而不能观测的时间不会超过两天。两天！业内人士清楚，对全世界的天文台来说，这都是一个极高的要求。其实，坎农任台长时还完成了一项额外的重要任务，保住了英国的面子。AAO本来是英澳共同投资的，英国由于国内经济日渐不济，因此投入越来越少。施密特望远镜，开始时叫作英国施密特望远镜，完全属于英国爱丁堡皇家天文台。后来所有者变了，坎农几经努力协商才保住了其名称。

追赶和创新

英澳天文台的两台大望远镜不仅是为了提高英国天文学的水平，还希望使其进入世界先进行列。AAO的施密特望远镜是为了挑战美国。美国帕洛马山天文台的施密特望远镜进行了北半球天空的巡天观测，拍下了帕洛马天图。AAO的施密特和美国的施密特望远镜大小完全一样，这样拍下的南天天图可以和美国匹配。但是，英国人并不满足于仅为美国人配套，他们搞了两项重要的创新。第一项是将巡天用的主体底片由柯达103AO改为103AJ，也就是将O片改为J片。今天的天文爱好者，包括年轻的天文工作者，对此并不熟悉。传统的天文巡天观测，为了得到标准的天文颜色U、B、V，必须用固定的天文底片型号配上固定的滤光片。英国人改用J片的原因是因为J片的灵敏度远远高于O片。后来，当帕洛马山天文台进行第二次巡天时，不得不向英国人靠拢，也改用了J片。第二项改进是在施密特望远镜前面加了一块物端棱镜，这项建议是由英国天文学家马尔科姆·史密斯提出的。史密斯是寻找类星体的无缝光谱方法的创始人之一，他是在智利的托洛洛山美洲天文台和美国天文学家帕特里克·奥斯默共同开创这一方法的。那里只有一台60厘米的中小型施密特望远镜。史密斯建议在澳大利亚的这台大施密特望远镜上加一块只有2.5度角的物端棱镜，专门用来找类星体。此举果然一炮打响，使英国在大天区寻找类星体的工作领跑世界大约20年。

放在英澳天文台上的另一台望远镜是一台普通的反射望远镜，口径3.9米，取名英澳望远镜。这台望远镜的大小在当时也算不上领先水平。英澳两国的经济实力毕竟有限，这已是尽力而为了。但望远镜建成后却表现优异。首先是望远镜的指向和跟踪性能十分优良，这意味着天文学家们用起来效率很高。再加上所观测的南天是尚未完全开发的处女地，因此，引起了全世界天文学家们的观测兴趣。他们完成的第一件出色工作是类星体的吸收线和Lyα线丛。走进3.9米望远镜的圆顶室，围墙上贴了一圈类星体的吸收线光谱，长达几米。这样的光谱，露光时间至少在5个小时以上，甚至是十几个小时的叠加露光。能拍出这样的水平，望远镜的稳定状态和当地的天光环境是关键。第二件是改造望远镜的视场大小，目前的反射望远镜都是采用卡焦装置，即卡塞格林式焦点，其特点是把焦距放在望远镜内往返，这样做缩短了空间。但其焦面的视场都很小，一般不会超过1平方度。如果想追求大的视场，只能改用像施密特型的其他望远镜。然而，英澳天文学家在这台望远镜上做了大胆的尝试，将视场扩大为2平方度，称为2dF（Two degrees Field）。同时配上光纤系统，使视场内的星像的光谱可以被同时拍下。光纤技术是用光纤把星光引到摄谱仪的细缝上，可用多根光纤同时操作。当时的光纤技术已趋于成熟，但使用在天文上，还需要研发。2dF获得了极大成功。下页图是用2dF巡天得到的星系空间分布，每一点代表一个星系，坐标中标出了每个星系的红移值和赤经分布。另外，2dF还进行了类星体的巡天。由它进行光谱证认，使发现类星体的数目由已往的每次几个，一下子提高到每次

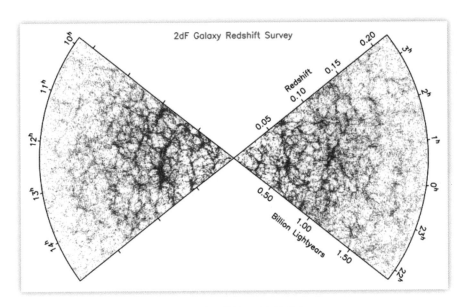

2dF巡天得到的星系空间分布

几十个。很快，英澳天文台发现的类星体数目跃居世界首位。后来，他们又在2dF的基础上发展成6dF，在该领域继续领先。

在这里详细地介绍英澳天文学家们如何改进自己的设备，赶超世界先进水平，还有另外一层目的——借鉴。我们天天叫喊赶超世界先进水平，评价一个项目的用语常常是"世界先进"或"世界领先"。可是把我们包括天文学在内的各个学科的成果摆在世界舞台上认真地审视一下，却找不出有哪几项是真的领先了。我在《天文爱好者》创刊300期（《天文爱好者》2006年第4期）上发表了一篇文章，名曰《望天兴叹》，不少读者说我写得深刻。叹什么呢？叹我们牛吹了许多，而实效甚微，只好把希望寄托在青少年身上了。君不见苏联在20世纪70年代就造了一架6米的望远镜，号称世界第一，到后来让西方天文学家一看，最多相当于一架4米级的望远镜。

麦克瑞大学的女校长单独接见了我，并一起交谈

Professor to peer at southern skies

PROFESSOR Xian-Tao He comes a long way to gaze at stars.

On a six-month exchange at Macquarie University, Professor He is from the Beijing Normal University in China where his specialism as a cosmologist studying quasars.

His journey to the southern hemisphere is to obtain a different perspective on quasars, mysterious objects that look like stars but occur in the farthest reaches of the universe.

"A quasar is a kind of galaxy," Professor He said.

"We don't really know how they developed but there are still many questions to be answered."

He said quasars emitted very little visible light but were the strongest source of radio waves in our sky producing massive amounts of energy and travelling away from earth at tremendous speeds.

Scientists have estimated that the energy emitted by one quasar in one second is equivalent to all the energy produced by the sun in about three million years.

The university's fascination with astronomy will continue with another open night in April.

Astronomer Dr Raymond Norris will address some universal questions at this year's Macquarie University Astronomy open night on April 11.

Dr Norris, principal research scientist with the Australia Telescope National Facility, has used radio telescopes to question whether there is life in our galaxy besides here on Earth.

He will explain the chances of life's existence and the process of searching for life during the night of star gazing.

About 1700 people attended Macquarie University's open nights last year.

About 50 telescopes will be set up at the university and staff will advise people and provide information to budding astrologers.

The night costs $5 for adults, $2 for children or $15 for families and to book contact the university on 805 7111.

中国的教授在凝视南天天空

访问麦克瑞大学

在澳大利亚，排名最靠前的两所大学是悉尼大学和西南威尔士大学，它们相当于我们的北大和清华。在这两所大学之后，还有若干所大学的水平都是相当高的，达到了西方一流大学的水平。其中，有一所大学叫作麦克瑞大学，我在这里访问过半年。这所大学在外界的声誉似乎并不算高，但其发展速度很快，目前在澳大利亚大学的排名大约在前五名。澳大利亚大学的模式大都仿效英国，学科设置比较呆板。而麦克瑞大学则学习美国的大学，设置较多的新兴学科，接纳的留学生也比较多。这里是学院制，在物理学院设有天文专业。澳大利亚的学制是大学本科只读三年，然后再读研究生。该大学和其他大学合资共同在天文台安装了一台2米级的望远镜，为教学实习和一般性科研服务。

我在这里的访问颇受重视，大学的女校长单独接见了我，并一起交谈。我跟这位校长说，澳大利亚大学对海外留学生发放奖学金的数额太少，结果是中国的好学生都去了美国。她认为我的建议很有道理，应该向政府反映。据说，澳大利亚后来给来自中国的技术移民的名额增加了不少。访问期间，悉尼电视台专门请我为大众做了一次访谈式的科普讲演，讲述类星体和研究类星体的意义。这次采访对我的英语水平是一次考验。悉尼的报纸还专门发了一篇对我的报道，介绍中国天文学家对澳大利亚的访问和学术交流。

一个国家和一个政府，经济的发展程度、科技水平的高低、老百姓的文化水准和素养，都集中地体现在教育上。澳大利亚的人口也就两千万，可能还没有上海的人口多。可他们大学的数量和质量、受高等教育的人口比例在世界上都是数一数二的。

优美的生态环境

记得在申办2000年奥运会时，我们的竞争对手就是澳大利亚。最后澳大利亚胜出。其中有各种原因，但生态环境一项我们肯定丢分最多。我到过许多国家和地区，作为大国，在自然环境上能和澳大利亚一争高下的只有加拿大。加拿大的自然环境也非常优美，但其大片国土处在严寒地带。澳大利亚优良的生态环境有天然因素，但人的因素仍是关键。悉尼是澳大利亚第一大城市，人口有500万。然而，通常的城市污染病在这里微乎其微。我访问麦克瑞大学时，校方帮我租住了附近的民房。这里全部是一幢幢的小楼，周围树木密布，宛如森林，将房子淹没其中。这里从来没有沙尘暴，但经常有强的海风。一次大海风把邻居的一棵树刮倒了，碰坏了房屋。在索要保险赔偿时，房主人抱怨社区不许他们把树砍掉，因而造成损失。原来，社区对家家户户的环境有严格的规定，砍一棵树必须得到批准。不仅如此，自家房屋之内，也不允许擅自设置厨房和洗手间。像我住的房东家是大学的关系户，经常有客人租住，才获准增设。这一地区的治安环境也非常好。我到学校上班，房东带我太太上街，从不需要带钥匙。因为他们的家门很少上锁，除非他们长期外

袋鼠是草食动物，和人非常友好

出。当然，也不是整个澳大利亚都夜不闭户，这和所住的社区有关。在穷人区，小偷也还是有的。

澳大利亚的首都是堪培拉，这里的绿化水平堪称一绝。整个国会建在一个半山坡上，全部是绿草覆盖。国会本身的建筑一半在地下，一半在地上。因为国会议员少，建筑规模也很小。整个国会就像一座大的公园。

对于全国的生态环境，澳大利亚政府和普通老百姓都很关注。澳大利亚的经济以矿产资源和畜牧业为主，造成污染的重工业比较少。就连悉尼的发电厂，也都建在远离悉尼的沙漠地带。澳大利亚的绿地逐年增加，森林逐年增加，不仅没有沙尘暴，也没有周围海域的污染问题。澳大利亚有名的动物是袋鼠和树袋熊。为了保护这些动物，政府制定了许多法规。后来，袋鼠太多了，不得不规模性地捕杀，也允许买皮和吃肉。澳大利亚海域辽阔，景色宜人。世界上最大的珊瑚礁群大堡礁，长达2000千米，布满珊瑚和各种海礁，是世界上著名的旅游胜地。这里的海产品非常丰富，像龙虾、鲍鱼和海蟹，尤其是帝王蟹，在其他国家的海域都是少有的。澳大利亚的中国餐馆很正宗，有来自香港的厨师，这些海鲜经过他们的烹饪，绝对是世界上最好的中国大餐。

闲话君山兄

　　我曾七次访问台湾。台湾在中国人的心目中有着特殊的地位和感情，故不惜笔墨，多写一点儿。我之所以能多次赴台，关键人物是沈君山先生。中国天文界同仁大都知道沈君山。其实，沈先生的知名度远远超出了天文界。可以说，他是近年来两岸交流的真正使者。

　　沈君山先生集学者、才子、政要于一身，海外华人中，无人不知沈君山。我出国不久，也听到了沈君山的大名。一次在印度尼西亚召开的国际会议上，我邂逅了沈君山。

初次相识半遮面

　　1981年，我在英国爱丁堡皇家天文台进修时，国际天文学联合会第二届亚洲太平洋地区天文学大会要在印度尼西亚的万隆召开。万隆是亚非会议的发祥地。当时的印尼和中国还没有恢复外交关系，申请参加会议很困难。最后由国际天文学联合会出面，我才从印尼驻伦敦大使馆得到签证。到达印尼后才知道，我是两国1968年断交后第一个拿中华人民共和国护照入境的人。当时的印尼排华势力猖狂，华人在那里不许出报纸，不许办学校，甚至街上不许出现一个中国字。我在印尼访问了两周。优美的自然环境、华人不时吐露的海外流浪儿般的感受，使我百感交集。

除了学术交流之外，最大的收获是结识了沈君山，沈先生率领了一个台湾的天文代表团参加会议。当时大陆在国际天文学联合会的代表地位还没确定，双方初次见面都很谨慎。初见的沈君山，一表人才，谈吐风雅，不愧为台湾的"四大公子"之一。我告诉沈先生，这次是从英国过来，不是大陆的正式代表。但沈先生似乎仍有戒心。因此，在整个会议期间，彼此客客气气，个人爱好等完全没有谈及。

入会会谈

第一次与沈先生长谈是在希腊的帕特雷（Patras），也是我们第二次见面。1982年，第十八届国际天文学联合会大会在这里召开，正式接纳中国为国际天文学联合会会员。当时的入会模式颇得台湾天文界同行欣赏。双方分别以中国天文学会南京分会和中国天文学会台北分会的名义成为会员，两岸天文学家同时入会——典型的一国两制模式。

加入国际天文学联合会是一件大事。在此之前，两岸的天文学会代表与国际天文学联合会的秘书长举行了会谈。大陆方面的代表是天文界的泰斗、紫金山天文台台长张钰哲先生；台湾方面便是沈君山先生。张钰哲先生是一位学者，不谙政治，因此，配了一位"把关"的翻译。张先生谈一通，翻译按"政治需要"翻一通。

事后，沈先生专门到张钰哲先生的下榻处拜访。原来，张先生和沈先生的父亲早就相识。沈先生小时候就知道了张先生。

名门之后

一次，陪沈先生游九华山，遇到许多台湾游客，个个都同沈先生打招呼。沈先生在台湾的知名度可见一斑。沈先生在台湾被称为"四大公子"之一。"四大公子"者，连战、陈履安、钱复和沈君山也。"公子"者，高干子弟也。凡高干子弟往往都有一股先天的傲气。但在沈先生身上，更多的是学者和才子之气。

沈君山的父亲叫沈宗瀚，在大陆期间就是知名的农业专家，曾任台湾当局的"农复会"主任，主持各项农业规划和研究工作。据说，台湾的农业改革工作就是在沈老先生的领导下完成的。台湾当局用赎买政策收购地主的土地分给农民，地主得益匪浅，把钱用于各项投资，农民也耕者有其田。

李登辉是沈老先生的学生，年轻时就和沈君山熟悉。李登辉上台后，沈君山被任命为"政务委员"。"政务委员"的官职虽大，但似乎并没有实权。不久，沈先生便离开了这个"宝座"。沈先生在和大陆人员的交往中胆子最大，什么话都敢说，其政治见解也和李登辉截然不同。不知是李登辉免了这位不听话的大教授的官职，还是大教授厌烦了这种挂名的官职。

沈先生在台湾的各种头衔一大堆，最实在的头衔是台湾清华大学校长。1973年，沈先生在"保钓"运动的影响下，毅然放弃了在美国的教授职位，回到台湾清华大学任教，先做理学院院长，后任校长，对台湾清华大学的建设尽了很大的努力。在沈先生的客厅内，悬挂着一块同仁赠送的横匾，上面的文字极力赞美其对学校的贡献。

在两岸的交往中，沈先生扮演了特别重要的角色。虽然直到1990年，沈先生才首次踏上大陆，但此后便频繁穿梭于两岸之间。他曾是邓家的桥牌客，四次受到江泽民的接见，为促进两岸的文化、学术、体育交往不遗余力。他多次对我讲，两岸最重要的是加强交流，只有亲自看一看，才能逐步消除隔阂。

一盘棋的威力

沈先生天资甚高，围棋、桥牌样样精通，棋力绝对在我之上。但是，天有不测风云，1995年我第一次访问台湾，在台湾清华大学和沈先生挑灯夜战，居然赢了沈先生。旁观者还有台湾清华大学物理系的蒋享进教授，蒋教授也是一位围棋高手。这可给了我扬眉吐气的机会。不久，沈先生问我："怎么大陆棋手华以刚八段访问台湾时都知道你赢棋了？"我告诉他，这是遵从沈先生的名言："赢棋就吹，输棋就赖。"

以沈先生的棋力，国家队可以让三子。但沈先生居然从陈祖德那里赢了一盘二子棋。1982年，祖德在香港金庸先生家里养病，沈先生也住在那里。一盘让二子的棋他们俩下了七个小时。沈先生下棋从来认真，好胜心极强。而祖德的让子棋也是从来不讲客气。下了七个小时是祖德告诉我的，他当时精力实在不支。这盘棋同样被沈先生吹遍了两岸。直到2001年，陈祖德带领我们业余围棋代表团访台，新闻界还多次问及此事。陈祖德讲，这盘棋输得很值，促进了两岸的围棋交流。不过，外行人听起来，还以为沈先生的围棋水平在陈祖德之上呢。

沈先生最得意的是一盘棋赢了50万美金，自称是世界上额度最高的围棋奖金。台湾有一位赫赫有名的企业家曹兴诚先生。曹先生不仅是一位棋迷，而且热心于公益事业。为了赞助教育事业，他找了一个下棋的由头——和台湾清华大学的校长赌一盘棋，每输一子捐一万美元。曹先生虽然被授三子，但在沈先生面前还是力不从心。沈先生下定决心养大龙，等到屠龙时，曹先生的预算都被挖空了。最后，他赞助了台湾清华大学50万美元。正当沈先生得意之时，竟有好事者状告他参与赌博。法院只好立案调查，结论是校长为了拉赞助，钱又没装自己腰包，因此赌博的罪名不能成立。

"名人教授杯"屈居第二

在海外，沈先生与大陆的围棋高手多次过招。我们也常在各种国际会议上见面。但直到1990年，才首次和沈先生在大陆见面。他到大陆后办的第一件好事就是促成了应昌期围棋教育基金会支持中国大学生的围棋赛事。沈先生当时是应昌期围棋教育基金会的主席。在此之前，唐克部长亲自出面，请应昌期先生支持大学生的围棋活动。应先生表示同意之后，就由沈先生与我们商谈。为了增加分量，我方请陈祖德和王汝南出面。商谈十分顺利，由基金会支持举办中国大学生"应氏杯"围棋赛。

第一届赛事于1991年在成都举行，同时举办"名人教授杯"围棋赛。四川省对这次活动十分重视。当时的省人大常委会主任是女棋手何晓任的父亲何郝炬。何主任亲自过问，赛事规格自然提高。名人中当然邀请了沈君山先生。

为了参加"名人教授杯"，沈先生按行程先到北京。当时，由台湾访问大陆需要在香港办通行证。不知何故，我们的办事人员居然拒绝了沈先生的申请。等到问题解决，班机时间早过。沈先生改乘香港到天津的航班，半夜由天津乘出租车独自住到了北京的新侨饭店。一时间人找不到了，有关部门十分关心，四处责问，万一出了安全问题如何得了。

等我们到了成都，发现不仅四川方面，中央有关部门也很重视这次活动，因其涉及对台关系。地方的组织和接待工作十分周到，将"名人教授杯"的赛场安排在金牛宾馆，俨然一副大赛的架势。应昌期夫妇也应邀观战。

沈先生在比赛中一路领先，频频告捷，但就在冠军在望之际遇到了李克光教授。李教授是一位著名的中医，曾任成都中医学院院长、全国人大代表。李教授一生酷爱围棋，他和沈先生的一盘棋，形势一直不太好。但李教授沉着、稳健、不动声色，最后按应氏规则，以一点险胜。沈先生虽然输了这盘棋，但只要最后一盘棋不输，仍然是冠军。这时，应昌期先生发表评论："沈君山下棋太计较胜负，我看他得不了冠军。"

应先生的话不幸言中。最后一盘棋沈先生又遇到了一位"川军"。就在形势大好之际，沈先生的一块棋出了纰漏，他只好推枰认负，将冠军让给了李克光教授。李教授自然十分得意，大摆龙门阵，连续几天，天天都在讲赢一点的"艰巨性"和"重大意义"。有人告诉我，李教授的龙门阵一直摆了几年。

多年来，沈先生一直想报一箭之仇。他曾邀请"川军"组团访问台湾，可惜未能如愿。

"戒急用忍"源自皇帝

1990年以后，沈先生频繁到大陆访问。访问之余，不免游山玩水一番。在这种情形下，多是由我奉陪。大概是1994年，我同沈先生一起到承德避暑山庄，在那里小住两天。山庄内山清水秀，泛舟在湖面上，夕阳斜照，遥望棒槌山耸入云端，真如身处仙境一般。

沈先生通今博古，对中国的文史都非常有兴趣。我们逐一参观了八大庙，流连忘返。意外的收获是知道了"戒急用忍"的来历。李登辉为了阻挠海峡两岸的交往，提出了"戒急用忍"的方针。大家原以为这是李登辉的发明创造，没想到原来是康熙皇帝教育他儿子的家训。沈先生见此颇为感慨，回台湾后还写了一篇文章披露"戒急用忍"的来历。

　　陪沈先生游黄山也十分爽意。天文学会为了规范天文学专业名词，特意召开了名词委员会会议，研究如何统一定名。会后，与会人员一起游黄山，由于沈先生行程较紧，我同他提前上山。我们乘坐最后一班缆车上去后，天已经黑下来，而且下起了小雨，到住地排云楼宾馆只能步行。我们只好走走停停，停下要淋雨，天黑下来路又不好找，真是苦不堪言。这时，我向沈先生进行"阶级教育"——这说明平时养尊处优，缺乏劳动锻炼。等我们到达宾馆，已成了落汤鸡。第二天上午依然有雨，我们坐在宾馆的大厅里对弈，一面欣赏窗外的瓢泼大雨，一面饮茶深思，好不得意。午饭后，天开始放晴。我们信步漫行，饱览群山。峰峦之上，松柏挺拔，云雾缭绕，细雨蒙蒙。等到了始信峰，更确信到了人间仙山。沈先生一夸再夸，天下竟有这般美景。

　　另一次印象深刻的旅游是在云南的中甸（现已改称"香格里拉市"）。1999年在云南的丽江举办了第一届"炎黄杯"围棋邀请赛。会后我们来到了中甸。中甸是迪庆藏族自治州的下辖县，也是被法国人称为"香格里拉"的地方，海拔3200米，和拉萨的高度差不多。这里居住着大批的藏民，也有宏大的喇嘛庙。当年红军两万五千里长征时，曾到过这里。这里有美丽的雪山和草地。在草地上行走，如同在海绵上一般。我们骑在马上，由藏民牵马。道路两边是一望无际的草原，草中开着朵朵或红或黄的野花，牛群或马群悠然自得地在那里吃草。怪不得法国人把这里称为"香格里拉"——世外桃源。

我们随意访问了几户当地的藏民。他们的住处都是用巨大的原木盖成的两层楼阁。好客的主人用酥油茶招待我们。使我们感到惊讶的，一是民风朴实，兄弟们都和睦地住在一起。二是他们对共产党的印象非常好，现在还在家里挂着毛主席的像。这样的民俗走访，我想也给沈先生留下了深刻的印象。

"尧舜杯"与世界冠军

世界华人业余围棋有一项联谊赛，叫作"尧舜杯"。它起始于1990年，每两年举办一届。这项赛事最早是由聂卫平和我联合倡议的，因为我们都是中国和平统一促进会的理事，搞这样一个活动可以促进华人之间的文化交流。古人认为"尧造围棋，以教子丹朱""舜以子商均愚，故作围棋以教之"，故我们用"尧舜杯"命名之。"尧舜杯"的建议立即得到了中国棋院的响应，由中国建筑工程总公司赞助。

参加"尧舜杯"的人员都是世界各地的华人业余棋手，国内的是部分知名围棋爱好者。首届赛事于1990年在北京的樱花宾馆举行。吴清源先生、应昌期先生等都应邀光临。林则文先生获得冠军。林先生是林则徐的后裔，其父移居日本，曾任日本华侨协会会长。林先生为人谦虚，酷爱围棋，获得冠军后非常激动，从此经常来国内下棋，"尧舜杯"更是每届必参加。

沈先生对"尧舜杯"早就想一试身手，但一直等到第三届才拨冗参加。

在第三届"尧舜杯"上，沈先生获得冠军，本人向他颁奖并表示祝贺

参加"尧舜杯"的几位高手水平相当,谁也没有绝对优势。沈先生一上来也是一路顺风,但紧要关头又被新加坡的一员小将砍了一刀。眼看冠军又是无望,就在这时,清华大学的许纯儒教授表现神勇,也回敬了这员小将一刀。这一刀至关重要,小分算来,刚好沈先生夺冠,而且是堂堂正正的世界冠军。比赛中,我和沈先生也下过一盘棋。本来有赢棋的机会,但我不懂二路的两面扳能延长一气,被沈先生卖了个破绽不走。我也不去紧气,在其他方面到处忍让,等沈先生回来收气,方知是中了计。

"尧舜杯"越办越受欢迎,影响力也在扩大。第五届在泰国举办,由泰国围棋协会主席蔡绪锋先生主持承办。蔡先生是一位企业家、业余围棋高手。泰国的围棋活动完全是由蔡先生从无到有发展起来的。大学生也每年举办比赛。"尧舜杯"赛事放在一个风景优美的高尔夫球场举办,开幕式和闭幕式都十分隆重。大型的民族舞蹈演出优美动人,还放了传统的民间天灯。一盏盏天灯徐徐升起,久久高挂天空,宛如满天星斗,好不壮观。

在这届赛会上,出现了一点儿小小的不愉快。这届"尧舜杯"之后,沈先生就萌生了另起炉灶的念头。

"炎黄杯"开张

沈先生鼓动他的朋友金庸、林海峰和聂卫平,一起重搞一个世界华人的围棋比赛,取名"炎黄杯"。发起人来头甚大,可谓"四大金刚"。很快,"炎黄杯"筹备工作落实。首届"炎黄杯"于1999年在云南的大理举办。四大发起人悉数到场,盛况空前。不过,最引人眼球的不是围棋赛,而是金庸的到场。大家争先恐后地请他签名和合影,大理市长还专门给他颁发了荣誉市民称号。令人惊讶的是,金庸写了那么多

259

以大理为背景的故事，但他本人从未到过大理，这是第一次。金庸这次到访还有一个小插曲——接待人员突然找我大吐苦水，他们辛辛苦苦竭尽全力地招待，金庸夫人仍然不满意，令他们大为不解。我告诉他们，大凡名人都很难伺候，名人的老婆就更难伺候。类似的故事还发生在西安，第六届"炎黄杯"于2004年在那里举行。沈先生那时已经是中风后，行动有些不便。接待方用了一辆夏利车接待他。夏利是天津汽车厂生产的经济小型车。当天晚上，沈先生就找我发了一通无名火。我立即意识到沈先生发火的原因，马上向组委会反映。后来，不仅给沈先生配了一辆高级轿车，而且祭奠黄帝陵的仪式都把他放在首席。此后再也没见沈先生发火。

"炎黄杯"被沈先生办火了，我提倡的"尧舜杯"却慢慢熄了火。"尧舜杯"的赞助方是中国建筑工程总公司。总经理马挺贵先生热爱围棋，也是中国和平统一促进会的理事，因此由他公司慷慨解囊，协办赛

2000年的"炎黄杯"，在黄果树瀑布下同沈先生紧张对弈

事。后来，马先生退休了，新领导对此不再有兴趣。我在围棋上花的时间已经过多了，也无暇再组织。因此，"尧舜杯"共举办了五届，便没有再接续下去。

"炎黄杯"受到了华人围棋界的普遍欢迎。沈先生进一步建议，成立全世界的华人围棋组织。当时正值两岸关系紧张时期，李登辉的"两国论"甚嚣尘上。原本主席人选由大陆产生，但考虑到华人围棋是以两岸棋手为主，担心会有一些不便。正在犹豫之际，泰国的蔡绪锋先生挺身而出，他想筹建世界华人围棋协会，把总部设在曼谷。关于主席的人选，沈先生的意见很重要，但他始终不明确表态，对候选人总是不十分满意，让我们很费了一番周折。我在其中多方协商，征求沈先生的意见。好在大陆方面当时的中国棋院院长、中国围棋协会主席陈祖德先生十分大度，为了顾全大局，同意出面做副主席，把主席的位置让给了蔡绪锋先生。我们把沈先生安排为名誉主席，名誉主席还包括吴清源等人。这样的布局得到各方面的认可。到了2003年，趁第五届"炎黄杯"在曼谷举行之际，世界华人围棋协会成立。正式名称为"世界华人围棋联盟"，英文是World Chinese Weiqi Federation。最近，我无意中看到了一份当年世界华人围棋联盟成立大会的秩序册。其中，把沈先生的头衔改为了名誉副主席，并加了头像。我实在不知道是什么原因。沈先生已是植物人，陈祖德先生已作古。这件事情我之所以要写出来，是为了揭开这段历史的真相。否则的话，我于心难安。

步入老年

人总是要走过一生的，有人走得快些，有人走得慢些。1999年对沈先生来说是乐极生悲。我们在中甸游玩之后，又到了虎跳峡，再返回大理，一路上饱览了大山、大川、大"海"（洱海），领略了各种风土人情。从丽江到中甸，必须乘汽车爬行在海拔3000米的高原上。路上又渴又饿，好不容易找到了一家藏民开的饭馆，我们吃了一顿牛干巴。所谓牛干巴，即晾晒得半湿半干的牛肉。吃时切成薄片用油炸熟，什么作料都不放，只是配上大量的红辣椒一起炸就可以了。端上来一吃，我们都感到鲜美无比。沈先生说，比美国的牛排都好吃。和我们一道去的云南对外文化交流协会的小周说，这是牦牛干巴，比普通的牛干巴更好。在我的赞美下，小周又买了一大块让我带回北京。到京后特意招待了几位朋友，但人家总也吃不出我那种感觉，这使我想起了慈禧太后吃窝头的故事。

沈先生回到昆明，又急忙返回台湾，到台湾后又忙于筹划科学营等活动，没想到就病倒了。发病时正值周末，在医院没有得到及时的治疗，就这样由脑血栓引起中风。对于沈先生的中风，我有一层深深的内疚。实际上我们在中甸时，已经发现沈先生过度疲劳。记得去参观一个喇嘛寺时，不太高的台阶，沈先生只爬了几阶就实在爬不动了。我当时以为只是高山反应，一点儿也没有多想。十来天的时间，我们马不停蹄地玩遍了整个滇西。到了昆明，又应酬又下夜棋，他没有得到一点儿休息。

中风对人的打击是可想而知的。沈先生在其《浮生三记》一书中写道："朝如青丝暮成雪，再也不能完全复原，永远成了'弱势族群'的一员。心理的起落，从过去能做今后却不能做了的无奈郁结，到选能做的尽量去做，跛着腿站起来再度出发，心情起伏，另是一番经历。"我曾经在北京帮沈先生联系住院，才知道中风的康复是很困难的，缓解一些有可能，但不可能完全恢复。第一次见到中风后的沈先生，我吃了一惊。但沈先生的精神状态却一如既往。沈先生在301医院住了很长一段时间，住院期间依然谈笑风生，黑白照摆。但是沈先生从不谈论他的发病经过，对我们过分旅游的后果没有任何怨言，也从没有谈及发病后没有得到及时治疗。当时的发病情形还是他妹妹告诉我的。这一点非常难能可贵。一般人出现这种情况，大凡见了朋友，总要唠叨自己的病史。沈先生对待人生有一个格言，"量才适性，终生不忧，守真取朴，终生不辱"。

就在301医院住院期间，沈先生也没忘了幽默一把政治。告诉台湾记者，中共把他"严加管制"，不许随便出门（沈先生总想溜出去打牌或下棋）。二是301医院的伙食费是中外有别，医院按老外的标准收沈先生的钱。沈先生问院方，台湾是外国吗？于是院方赶紧按低价收费。

为了推动两岸的政治、文化和体育交流，沈先生可谓不遗余力，呕心沥血。组织两岸的围棋擂台赛，几近成功，又被封杀。为了邀请陈祖德访台，不惜等了20年，直到2001年才实现。在沈先生的鼓励和策划下，成立了世界华人围棋联盟。联盟从成立到现在，做了很多工作，推广和宣传中国的围棋，组织各种围棋活动，通过宣传中国的古老文化增强华人的自豪感和凝聚力。

祝福康健

沈先生的才气表现在多方面。在两岸的交往中，他做了许多破冰之举。由于两岸多年隔绝，刚开始学术交流时，使用的名词都不一样，同一个英文词，往往有两种译法。我们有一个全国科学技术名词审定委员会。这个委员会除了审定一般的科技名词外，还将两岸常用的科技名词统一起来。大陆的提法是"名词统一"，沈先生将之改为"名词一致化"。这样一来，台湾当局便容易接受，这一提法很快在各个学科推广。

在政治交往中，沈先生更是广交朋友，经常见大陆的各级政要。他本人是主张两岸统一的，但他将"一国两制"的提法改为"一国两治"，各自治理自己的地盘，这和目前倡导的"九二共识"精神完全一致。在改革开放的这些年中，沈先生成了在大陆各界都能接受的第一红人。

　　在我和沈先生几十年的交往中，深感其才华横溢、风流倜傥。我曾七次访问台湾，结交了许多天文界和围棋界的朋友，但真的能促膝谈心的，只有沈先生一人。最后一次见到沈先生是2005年底，中国棋院院长王汝南率围棋代表团访台，我和王汝南等棋友到台北的荣总医院去看望他。沈先生的身体已经大不如前，但深情依然，送给我们他近期的著作。

　　每年年末，我们都互寄贺年片，相互慰问和吹捧几句。2006年，沈先生附了一封长信，其中写道："第二次中风后，我半瘫的情形更严重了，日常起居都要人照顾，出门必须轮椅，练习走路只是做运动，不具功能性，走路后晚饭前，看看书或写写东西，晚饭后看TV，或上网打桥牌。再做一次复健，10 pm 睡觉。因出门麻烦，平均我一周只去办公室一次，上台北两周一次。如此困居在清华*，大概从前全世界跑太多了，老天爷要平均一下。虽然生活不方便，但对于一个二度中风的人，应该算相对健康。想想67岁以前老天对我的厚遇，也心平气和，没有什么可以怨天尤人的了。君山　2006年12月13日。"

　　不知怎的，我从信中却读出了一丝凄凉。不难想象，昔日的众人簇拥已不再现，只能向朋友诉说几句心语。我拿着信看了又看，仿佛沈先生就坐在我面前，一边谈笑，一边挖苦我几句。

---

* 此处指台湾清华大学。

后来，在扬州开两岸天文学会议时，台湾的天文学家孙维新（现任台中科技馆馆长）告诉我，沈先生非常喜欢江南一带的甜食，我专门请他带去一盒扬州的名点。此后不久，沈先生第三次中风，成了植物人。2011年访问台湾时，我实在不忍心再到病榻前去面见这样的老友了。

岁末将至，我写了一首诗作为我深深的祝福。诗中第一句指两岸关系，第二句指在"文革"期间我开始学下围棋。"千岛"指印度尼西亚，"五洲"指一起多次开天文会议。我们经常对弈，唯在黄山和台湾印象深刻。

君山兄留步

岁月蹉跎起纷争，
斗罢权人背弈经。
千岛逢君风流面，
五洲共仰北斗星。
黄山论剑刀锋钝，
宝岛鏖战偶见功。
阎爷似有召君意，
人间永飘黑白风。

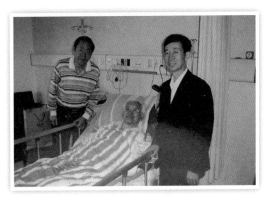

与中国棋院院长王汝南一起探望在病榻上的沈先生

造访台湾，期盼大同

最难办的手续

在我访问的国家和地区中，手续最难办的当属台湾。由于台湾的特殊地位和中国人的情怀，大家都想去台湾看一看。我的好友、当时的台湾清华大学校长沈君山教授自然也知道我的想法。1991年，我在澳大利亚访问，他邀请我从澳大利亚径直去台湾。手续还没来得及办好，他便急急忙忙通知我不行，原因是我是全国人大代表。此前，有一个中医代表团访问台湾，其中一位被查出身份有问题，全团被勒令出境，且邀请单位若干年内不准邀请外宾。后来，我听说有大陆的党中央候补委员级的人士访问台湾，便问之何故。回答曰：共产党是群众团体，人大代表是政府官员。原来，台湾当局是按西方的游戏规则行事，"议员"的地位被视为重之又重。这仿佛也给我上了一课，提高了我对自身重要性的认识。

沈先生是一位绝顶聪明的人。没多久，台湾又颁出杰出专业人士可以访台的政策。沈先生于是通知我改走此径。考虑到两岸的天文已经开始交流，何不把个人的访问变成一个天文代表团？我们立即着手组团，团长由时任中国天文学会理事长、南京大学校长的曲钦岳担任。成员有北京天文台台长李启斌、上海天文台台长赵君亮、中国天文学会秘书吴美霞和我。繁杂的手续没过几道便出了纰漏。我们被告知曲钦岳不仅是全国人大代表，还是江苏省人大副主任；吴美霞天文专业不明确，言外之意是她是随团的"克格勃"。经过一番解释，吴美霞获得认可，曲钦岳是无论如何不能通融的。就这样，第一个大陆天文代表团由五人变成四人，于1995年踏上了访台之路。

大陆天文代表团拜会台湾清华大学沈君山教授。右起为赵君亮、李启斌、沈君山、何香涛

台湾的天文

手续问题解决之后一切就方便了，同种同族，交流没有语言障碍，尤其是吴美霞，还会讲闽南话，到哪里都可以表现一把。我们先后访问了台湾清华大学、"中央大学""中央研究院"天文及天文物理研究所、台北天文馆、台中自然博物馆等单位。所到之处，都得到了热情的款待。

台湾"中央研究院"下属有许多单位，其中有天文及天文物理研究所。该研究所成立于1992年，规模不大，起点颇高，当时的所长是袁旂。袁旂是美籍华人大科学家林家翘的弟子，弟子从师，也主攻星系的动力结构和密度波。袁先生对大陆的访客热情而真诚。此前他曾访问大陆，对中华民族的历史和文化十分熟悉。他招待我们去鼎泰丰吃了一顿传统的北方包子。鼎泰丰相当于天津的狗不理，天天爆棚。

我第二次访台时在研究所待了一个月，全所的成员只有20多人，大都是搞理论方面的工作。成员中主要是留美人员，包括大陆在美的毕业生，此外还有真正的外国人，英国的、澳大利亚的和韩国的。最突出的印象是这里的工作语言是英语，包括和秘书办手续。这时的所长换成了鲁国庸。鲁先生刚从美国回来，一派洋气，请我吃的饭也变成了台北最豪华的美式大餐。"中央大学"天文研究所的鄢志刚教授对讲英语颇有微词——"都是一帮'假洋鬼子'"。鄢教授老家在东北，具有东北人的豪爽之气，曾留学美国十几年，有资格"口出狂言"。"假洋鬼子"就得和"真洋鬼子"合作，研究所的研究课题大都走在西方的潮流上。他们投资最大的一个项目是与美国合作，在美国建造一台大型的毫米波干涉仪。台湾入一个小股，分得一些观测时间。鲁国庸曾和我谈及对大陆天文研究的看法：投资很大，但课题性不明确。他的看法值得我们思考。泱泱大国，当然不能去给人家入股，但我们一味地造大设备，设备造成会不会就已经落后了呢？前不久，鲁国庸又回到美国，就任美国国家射电天文台台长。据我所知，这是华人天文学家在美国担任的最高职位。

在台湾，具有规模的天文研究机构除"中央研究院"之外，就是"中央大学"。"中央大学"的天文机构叫作天文研究所，同时还有一个太空科学研究所。他们在台湾最高的玉山上建立了一个天文观测站，叫作鹿林天文台，上面放了一台小型的光学望远镜。由于台湾的气候常年湿润，因此并不太适合光学观测，大约只能从事教学观测。

"中央大学"与大陆的天文合作比较密切，一是与北京天文台合作用施密特望远镜进行巡天观测，二是有兴趣参与在新疆新建天文台。他们拟在新疆放一台组合式望远镜，进行多色巡天测光。当然，新天文台建成不是一朝一夕，至少要五年以上。

鹿林天文台。这里的天文气候不是很好，但风景美丽，有许多参天的古树

台湾清华大学也有天文专业，他们于2001年成立了天文研究所。这和他们的校长不无关系——原校长沈君山出身于天体物理，新任校长徐遐生则是纯天文学家。徐遐生也是林家翘的学生，曾做过美国天文学会主席，在学术上早已青出于蓝，是世界知名的天文学家。他用英语撰写的《物理宇宙学》是一本高级天文教科书，旁征博引，洋洋万言，前不久已被译成中文。建议天文爱好者读一读。

在台北天文馆

在台湾，最值得称道的是天文普及工作。台北天文馆的全称是台北市立天文科学教育馆，馆内的设备和展品陈设非常先进。他们注重对中小学生的教育，举办了许多适合儿童年龄的活动，设计了许多学生可以亲自动手的作业，并为他们举办各种讲座，很受欢迎。我们访问嘉义时，正值一次日偏食在这里发生，我们应邀和嘉义大学附设"实验国民小学"的同学共赏。没想到等我们到达校园时，学校居然组织了家长妈妈队载歌载舞地欢迎我们。晚上，该校的校长款待我们，

作陪的竟是嘉义市的市长。嘉义在台湾算得上是大城市。一位市长能出席一位小学校长的宴席，可见他们对教育的重视程度。

两岸的天文交流

大陆天文代表团访台，促进了两岸的天文交流。此后，台湾的天文学家、天文科普工作者和天文爱好者纷纷来大陆访问。为了巩固两岸的天文交流成果，由中国天文学会南京分会和中国天文学会台北分会出面，组织了海峡两岸天文推广教育研讨会，轮流在两岸举行。这项活动深受天文界人士的欢迎，我有幸参加了其中的几次。1999年在北京举办的第四届规模最大，出席会议的代表有150多人。两岸学者就天文学的最新发展、如何推广天文科普教育等问题进行了广泛的交流和探讨，取得了相当令人满意的成果。我在会上应邀做了《现代宇宙学的成就与挑战》的报告，颇受欢迎。

两岸天文交流的另一项重要任务，是如何将天文学名词的译名统一起来。中国长期处于闭关锁国状态。到了清朝末年，"洋鬼子"打了进来，清政府才被迫搞起了洋务运动。洋务运动就是引进西方的先进技术。要达到这一目的，第一道难题是需要看懂洋文，尤其是科技名词。翻译好科技名词绝非易事。为此，早在清朝被推翻之前的1909年，清政府就成立了科技名词编订馆。1919年由中国科学社出面成立了科技名词审定委员会，1928年改为译名统一委员会。1932年成立了国立编译馆，直至新中国成立。

我国于1985年正式成立了全国自然科学名词审定委员会（1996年，更名为"全国科学技术名词审定委员会"），并按学科成立了分委员会。在诸多学科中，天文学的名词审定工作一直走在前列，最早出版了标准译名，最早启动了两岸名词的交流，并几经努力，于1996年6月在安徽黄山召开了汉语天文学名词国际研讨会。说来很有意思，在大陆召开会议，加上"国际"二字，台湾学者很愿意参加，审批工作也容易；加上"中国"二字，审批起来就有困难。大陆学者到台湾参加会议则刚好相反。黄山会议的宗旨是统一两岸的天文学名词的译法。可是，"统一"两字又引起了台湾方面的敏感。聪明的沈君山先生建议将"统一"改为"一致化"。这样一来，经过沈先生的外交手法的处理，打消了两岸交流的心理障碍。众多海内外天文学者开了一次非常成功的会议。

美丽的台湾日月潭

许多名词确实需要一致化。最典型的名词之一"类星体"，我们是意译，在日本被翻译成"準星"，也是意译。在中国台湾，天文学家根据类星体的英文叫法quasar，把它译成了"魁煞星"，颇有新意。UFO在台湾被译成"幽浮"，也很新颖。凡此种种，不一一列举。

我们的天文学名词委员会从来都是坐下来干实事，在两岸交流的基础上，很快出版了海外版的天文学名词汇编，将两岸的译名都放在里面，求同存异。2005年，我们又在北戴河召开了第二次研讨会，促进最终实现"一致化"。

期盼大同

到访台湾多次的人，往往有一种感觉，国民党和共产党的思维模式很相似。我第一次登陆台湾，有人举牌，写着我的名字，我以为是接待

日月潭一角，风景如画

单位或旅行社。其实他们是大陆同胞接待处的，他们对我们热情接待，简化手续，一切免费。原来这是台湾的"统战"。

宴请全世界都有，但中国人的花样最多。在台湾，每每感受到炎黄子孙的好客传统。那次和当时的中国棋院院长、中国围棋协会主席陈祖德一起访台，场面最是隆重，几乎是顿顿宴请，每餐都在两小时以上。尤其是陈祖德，他不仅要吃，还要讲一堆废话。我们实在感到吃饭成了一种负担。

我在"中央研究院"的天文及天文物理研究所做访问学者时，有机会参观了胡适的故居。胡适是第一任"中央研究院"的院长。在我的脑子里，胡适是一位反动文人。近距离一看，截然相反。胡适是"五四"运动时期新文化运动的先锋之一。到台湾之后，胡适先生创建了"中央研究院"，为"中央研究院"的建设呕心沥血，最后在演讲台上因心脏病猝死。他虽然留学美国多年，但还坚守着裹过脚的妻子。胡适不仅学问和人品兼优，还写得一手好字，令爱好书法的我油然起敬。我买了一张他的手迹拓片，"有几分证据说几分话，有七分证据，不能说八分话"，此语也正合天文观测的要求。

台湾处于北回归线上，这是北回归线纪念碑

在台湾，尤其是最近几年，政坛一片混乱，大家都深陷在"统""独"之争中。一位台湾朋友在饭桌上对我讲："不到北京不知道你的官小，不到台湾不知道'文化大革命'还在搞。"对于一般的老百姓，大家都希望社会稳定、生活提高，并不热衷于"统""独"。

有大陆背景的、文化层次高的、与国民党有联系的，大都反对"台独"和分裂，主张中华民族统一。不过，他们的统一和我们的统一在含义上是不一样的。沈君山先生是典型的代表，他提出用"一国两治"代替"一国两制"。他认为"未来台湾与大陆关系的最佳方式，乃是共享主权，分拥治权的'一国两治'"。

一万年太久，只争朝夕。只要大陆的经济和人民的生活水平蒸蒸日上，任何主张分裂的人肯定会被历史抛弃。中华民族终究会团结在一起，两岸的天文学家们一定可以携手开拓宇宙。

围棋与天文

从弈之道

平生中，除了从事天文学研究，我的业余爱好主要有二，乒乓球和围棋。我年轻时乒乓球水平达到国家二级运动员要求，是校乒乓球队的主力，经常参加各种比赛。如今，我每周都打球，目的是锻炼身体。围棋是中国的国粹，我不仅喜欢下棋，居然还悟出了围棋和天文有联系。

琴棋书画，自古为人们所追求，被视为修身养性之道，而我的围棋生涯却是被"逼"出来的。在那动乱的年代，一个偶然的机会得知几个同学常在宿舍下围棋，我抱着凑热闹的心情也常去看看。当时，业务不许搞，"文化大革命"的运动我又不愿参加，下棋便成了唯一的乐趣和消磨时间的方式。没想到下棋也会上瘾，竟成了我业余生活的第一爱好。

"文革"时，国家围棋队被解散，队员们下放到通用机械厂劳动。通过一位曾是湖北省少年围棋冠军的学生的介绍，我有幸认识了他们。从此，我和他们成了要好的朋友。他们教我下棋，我给他们讲些天文知识。在高手的指点下，数年之内，我的围棋水平有了不小的进步。陈祖德、华以刚、曹志林、王汝南等我都请教过。当今的棋圣聂卫平也曾和

274

我下过一盘指导棋，让我五子，被我赢了。这期间（大约有三四年的时间），我把所有能够自由支配的时间都花在了围棋上。动乱过去了，人人都在诅咒这场"革命"，但对我来说，却还有一点儿小小的收获，这就是学会了围棋。

围棋的魅力是无限的。大企业家应昌期先生告诉我，他用百分之九十的时间研究围棋，只用百分之十的时间经商。钱不是挣来的，而是人家送来的，原因是他的布局好。他用了15年时间潜心研究围棋规则，相当于读了三个博士学位。我虽然无法和他相比，但花在围棋上的心思确实也不少，从一个普通的围棋爱好者，慢慢地开始热心于组织和推广围棋活动。由我任主席的中国大学生围棋协会已经走过了20个年头。协会主办的赛事由应昌期围棋教育基金会赞助，叫作中国大学生"应氏杯"，每年举办一次。赛事规模越来越大，每届参赛人数都超过150人。日、韩、泰等国和中国台湾及澳门地区都派选手参加。此外，我还组织了"名人教授杯"和"尧舜杯"，参与组织了"炎黄杯"。我深深体会到，围棋在诸多方面令人受益，陶冶情操，健脑益寿，让我有机会广交天下朋友。

围棋有那么多优点，有没有缺点呢？当然也有。业余下棋者，切忌成癖。当年的北洋军阀段祺瑞就是一个棋癖，他天天下午下棋。政府工作人员上班也可下棋。名手们和他下棋，只许输，不许赢。据说，有一位日本围棋高手带一名小徒弟和他对局。事先师傅告诉徒弟，这位是中国政府的总理，要手下留情。小徒弟一下上棋便把师傅的话忘了，一会儿工夫吃了段总理一块棋。师傅瞪

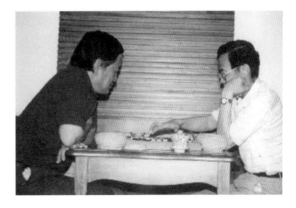

与陈祖德九段对弈

了徒弟一眼，徒弟以为哪步棋没走好，赶紧再吃一块。因为平时学棋，都是棋没下好，师傅才瞪眼的。师傅又瞪了两眼，小徒弟把段总理杀了个片甲不留。棋下完了，小徒弟赶紧问师傅："我哪步棋没走好呀？"师傅给了他一个耳光。

不解之惑

我曾在20世纪的80年代初，两次率中国围棋代表团访问欧洲。那时的欧洲围棋刚刚开始活跃，每年举行一次全欧围棋大会。他们特地邀请中国专业棋手参会，为的是指导当地的业余棋手，并推广围棋活动。我们除了作为贵宾参加大会和下指导棋，还到各国的围棋俱乐部访问。对我来说，这是一项最愉快的任务。但有一件事至今都不时在我脑海中徘徊。在匈牙利首都布达佩斯的年会上，日本的几位专业棋手和业余棋手也应邀参加。日本驻匈大使在大会上讲话，他大谈了一通围棋是日本的国粹，日本棋手为在全世界推广围棋不遗余力等等。轮到我讲话，我本想谈一谈围棋是中国人的发明创造，但无法说出具体的ABC，只能含糊其词。至于中国围棋向世界推广，力度就更不够了。原来，欧洲的围棋，是由日本人在20世纪初从匈牙利开始推向欧洲的。此后，有许多日本棋手陆续到欧洲传业，欧洲的围棋爱好者也到日本留学。因此，围棋的英文术语全都是日语音译，连围棋的英文名称"go"都来自日语的"碁"。围棋规则自然也是日本的。访欧回来之后，我常常在思考两个问题：围棋到底是不是我们中国人发明的？究竟是怎样发明的？

纵观各种智力游戏，基本上源自两个方面：战争和赌博。军棋最为直接和典型。中国象棋和国际象棋也都明显地来自于战争。国际上一般认为这两种棋起源于印度，传到其他国家以后再加以改进。因为只有古代的印度才会用大象作为战争的工具。中国古代史书很少提到用象作为战争的工具。麻将和扑克都是来自于赌博。

唯独围棋，其来源令人费解。它不像是战争的游戏，这里没有将帅和士兵之分，每一个子都是平等的，每一个子发挥的作用也是等价的。大家齐心协力，为一个共同的占地目标去拼搏。围棋又没有丝毫的赌博味道。在围棋的通盘游戏过程中，棋手有着最大的想象空间。你可以先占小地，再去限制人家占大地；也可以先围大地，让人家的地永远围不够。但无论哪种战术，从布局到收官，都不能有一点儿懈怠，否则就会功亏一篑。这是一种何等大气的游戏啊！

围棋是中国人创造的，这一点毋庸置疑。翻遍世界各国的历史，从来没有哪一个国家在古代历史中提到过围棋。日本的围棋历史相当悠久，但明确是从中国引进的。

被日本关西棋院授予名誉五段称号，颁发者为宫本直毅九段

中国的围棋究竟是怎样发明的，由谁发明的，从来就是一个谜。所谓"尧造围棋，以教子丹朱"，只是后人考证不出围棋的来历，给自己找的一个台阶。连尧帝本身的存在都带有很大的传奇色彩，怎么能断定围棋是他发明的。事实上，围棋正式见诸史书和典籍，是从春秋时代开始的。孔子和孟子都论述过围棋。孔子对围棋评价不高，认为是消遣的东西。孟子则体会颇深，他认为学习围棋如果不专心于自己立足，并致力于攻克对方，就不能领会围棋的精髓。看来，孔子的围棋水平很低，只能站在旁边看看别人下棋，至多是业余初段。孟子的水平已经有业余四五段

与著名棋手林海峰合影

277

了，不然不会有这样深刻的体会。从孔孟的论述可以看出，围棋在那个时代已经广为流传了。而且，当时围棋的下法和目前的并无二致。此后的各种记载中，不少帝王将相，包括汉高祖刘邦、唐太宗李世民……都热衷于围棋。但从来没有人讨论过，围棋的前身是什么，围棋的雏形是什么，围棋是怎样一步步改进的。因此，我们断定，围棋一生下来就是这个样子的。有人提到曾出土过13道、15道或17道的棋盘，那可能都是一些简化的随葬品，绝不代表围棋的发展过程。

何路神仙，一下子就造出了如此完美的智力游戏，无须做任何改进，让人类享受至今！

吴清源大师

一代棋圣吴清源于2014年11月30日仙逝，享年百岁。吴老认为围棋是"舶来品"。这个"舶来"，不是说围棋来自异国他乡，而是说围棋可能来自浩瀚的宇宙。他把黑白棋子视为天上的一颗颗星星。

吴老的一生是传奇的一生。我有幸和吴老有过多次接触。1990年，在北京举办"尧舜杯"名人邀请赛，邀请国内外知名的业余围棋爱好者参加。这次活动是由聂卫平九段和我共同倡议的。我们两人都是中国和平统一促进会的理事，想通过围棋活动促进世界华人之间的友谊。这一倡议得到了中央有关领导的大力支持。举办的规格很高，吴清源大师应邀参加。

在我的印象里，吴老是一个大儒，温文尔雅，对中国的文化理解很深。他14岁就东渡日本，一直生活在异国他乡，夫人又是日本人。没有一颗热爱祖国的心，就不可能对中国文化有如此深刻的理解。

吴老师就像是一块质朴的白玉，一点儿杂质都没有，具有童心般的纯洁。据说，吴老在东京一个人出门，经常找不到家，必须要夫人到地铁站去接。

在首都机场迎接吴清源夫妇

吴老是我们的楷模。他在围棋竞技场上的创新，被视为围棋发展史上的一个里程碑。奋斗和拼搏伴随着吴老的一生。吴老有一本自传，被译为《以棋会友》，介绍了他的传奇经历。当时，中国人被视为"东亚病夫"。一个无依无靠的弱小孩子，在人吃人的军国主义国家，一步步攀登上日本围棋的顶峰。成名后的吴清源仍不被允许参加日本国家级的各种"头衔"比赛，但所有获得"头衔"的棋手，都被吴清源打败，无一例外。这样的一位顶级棋手，二战后连日本国籍都没有得到。战后的吴清源准备再登日本棋坛，却不幸出了车祸。书中写到，车祸不一定是有人故意制造的，但涉事医院却人为地延误治疗，给吴老留下了后遗症。吴老坚持带病上阵，但已力不从心，不能再现当年之勇。从此以后，吴老便淡出了棋坛。多年之后，中日围棋擂台赛打响，聂卫平大放光彩。有人提醒，小心日本人再制造一起车祸。

从围棋到外星人

有人认为，可能有来自地球之外的智慧生命，到地球上传授了围棋。也就是说，我们的围棋是外星人教的。如果真是这样，就必须回答两个问题。第一，宇宙中有外星人吗？第二，外星人到过地球吗？

现代天文学的进步之一，就是将探索外星人的存在放在研究课题中。我们的地球上之所以能够产生人类，是因为它具备一系列的优越条件。首先是地球本身的自然环境。地球的质量适中，它能吸附足够厚的大气层。在太阳系中，地球到太阳的距离排在第三位（由内到外），仅次于水星和金星。太阳照在地球上的阳光适中，不冷又不热。地球的化学组成也得天独厚，有大量的水，有足够的氧气。所有这些天赐条件，在行星中十分罕见。但是，仅有天然条件还不够，要想诞生生命，还必须有生命的种子，即蛋白质和脱氧核糖核酸（DNA）。DNA不会自然产生，地球上的DNA究竟是怎样来的，至今是天体生物学的一个谜。有人认为，地球上的DNA是外来的——DNA像种子一样在宇宙中游荡，偶然之间落到了地球上，生根繁衍，从单细胞生命开始，一步步进化，最后演变成了今天的人类和其他物种。这的确是一个漫长又漫长的过程，但并非不可思议。

地球上的生命在宇宙中不应该是唯一的。天文学家们努力地在宇宙中寻找另外一个地球。首先，在我们的太阳系里，除地球之外，只有火星上的自然条件好一些。近年来，火星探测器多次登陆火星，发现火星上面的自然环境仍然十分恶劣，仅仅在火星的北极冠地区发现了水。因此，在太阳系内完全不存在另一个有生命的天体。我们的目标必须瞄准太阳系之外的星球。

夜晚我们看到的满天星斗，就是浩瀚的宇宙世界。每一颗发光的恒星，其实就是一个太阳。它们的本质和我们的太阳完全一样，只不过有的比太阳亮一点儿，有的比太阳暗一点儿。天文学家的任务，首先是查找天上的每一颗恒星，看看它的周围有没有类似地球的类地行星环境。这是一项空前艰巨的任务，因为所有的类地行星自身是不发光的，很难被直接发现。目前，已采用多种方法去寻找宇宙中的类地行星，前后寻找到了200多个类地行星。2009年，美国国家航空航天局发射了一颗专门的卫星，它不仅找到了1000多个类地行星，还找到了类似我们太阳系的行星系统。它发现的最大"太阳系"有六个行星。

现在的问题是，这些类地行星上有没有高等智慧的生命呢？天文学家们根据找到的类地行星的数量，再按照我们地球上产生生命的条件，去推算被发现的类地行星中，有多大的概率产生生命。这个生命概率的推演公式被称为"绿岸公式"。在我们的银河系中存在着1000亿颗太阳，根据"绿岸公式"，应该至少有40万个居住着高等生命的类地星。也就是说，在我们的银河系中，居住着外星人的行星可能至少有40万个！

这些外星人应该是和地球人一样，有一个漫长的进化过程，其文明程度也应该有很大的差异。下表列出了外星人的文明程度划分，共分为三个级别。测量外星人居住的星球上的化学组成，就可以判断出外星人的耗能水平和利用能源的方式，从而判断外星人的文明程度。目前用这样的划分方法考查我们自己，地球人达到的水平只有0.7型。

外星人的文明程度

类型	耗能水平	发达程度
I 型	10^{16} 瓦	能掌握和利用本行星上的全部资源
II 型	10^{26} 瓦	能掌握和利用其中央恒星和本行星系统的物质和能量
III 型	10^{36} 瓦	能掌握和利用周围恒星系统的能量

进一步的任务是和外星人沟通。就地球人目前的科技水平，实现星际间的旅行是完全不可能的。天文学家只能把我们地球上的信息，打包发送到宇宙太空，只要高等文明的外星人收到我们的信号，就有可能给我们一些反馈。世界上的大型望远镜都在翘首以待，看谁能率先收到外星人发回的信号。

回到我们的围棋，如果认为围棋是外星人教给的，则外星人应该造访过地球。外星人真的到过地球吗？人们设想了外星人访问地球的各种场面，不过那都是在科幻小说和电影里。认真考查所谓的外星人留下的痕迹，也的确发现了一些可能性。最能引发大家兴趣的是不明飞行物UFO。世界各地的UFO记录成千上万，我国古代也有过UFO的记载。

造成UFO现象的原因很多，最大的可能性是太空中存在的大量的卫星和火箭的碎片，再一种可能性是一些奇特的局部气象现象。的确也有一些UFO令人费解，于是有人怀疑，它们会不会是外星人发射的飞行物。

所谓外星人到访地球的"证据"还有很多，但大都是一些推测和猜想，直接的证据不多。只有美国联邦调查局（FBI）提供的资料令人叫绝。不久前，美国联邦调查局解密了20世纪50年代的一份绝密资料。资料里说，美国空军在新墨西哥州发现了特殊的飞碟，飞碟上还站着外星人。这份资料把外星人出现的场景描绘得活灵活现。

迄今还没有发现外星人到访地球的确凿的实证资料。如果硬说我们的围棋是外星人传授的，或者外星人留下的，似乎难以令人信服。不过，围棋本身这样博大精深，这样令人莫测，现在再给它披上一层神秘的外衣，不是更能增加它的光彩吗？

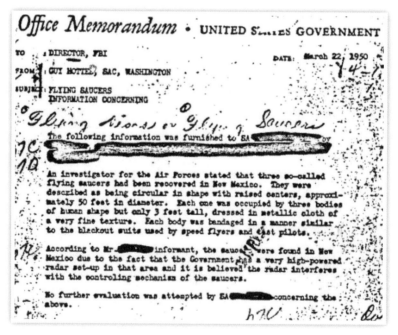

美国联邦调查局（FBI）解密的外星人资料